Muthu Dineshkumar
Sachin Kumar

Estudos paramétricos da produção de gás de síntese na gaseificação downdraft

Muthu Dineshkumar
Sachin Kumar

Estudos paramétricos da produção de gás de síntese na gaseificação downdraft

Folhas de Asoka e folhas de neem

ScienciaScripts

Imprint

Cover image: www.ingimage.com

This book is a translation from the original published under ISBN 978-620-6-78513-2.

Publisher:
Sciencia Scripts
is a trademark of
Dodo Books Indian Ocean Ltd. and OmniScriptum S.R.L publishing group

120 High Road, East Finchley, London, N2 9ED, United Kingdom
Str. Armeneasca 28/1, office 1, Chisinau MD-2012, Republic of Moldova, Europe
Printed at: see last page
ISBN: 978-620-8-25356-1

Conteúdo

CAPÍTULO 1

INTRODUÇÃO

1.1 A NECESSIDADE DO ESTUDO

Os recursos naturais incluem produtos totalmente naturais que os seres humanos podem obter da natureza para satisfazer as suas necessidades. A primeira contribuição natural para a cultura humana são os recursos naturais. Se uma área tiver recursos naturais abundantes, pode fornecer a energia necessária para o crescimento económico num ambiente que lhe seja relativamente favorável. No entanto, no contexto do crescimento económico global, as áreas com recursos naturais abundantes podem não ter inerentemente um desenvolvimento económico mais forte e podem mesmo tornar-se economicamente atrasadas. De acordo com Dogan et al. (2020), estas situações são referidas como a maldição dos recursos. A maldição dos recursos refere-se ao excesso e à escassez de recursos naturais num país ou numa região, o que impede o desenvolvimento económico. Na era recente, as pessoas necessitam de muitas fontes de energia para viverem a sua vida com conforto. Nas últimas décadas, os combustíveis fósseis têm desempenhado um papel fundamental na satisfação das necessidades energéticas. Os combustíveis fósseis são produzidos pela decomposição de espécies enterradas à base de carbono que morreram há milhões de anos. De acordo com Wang et al. (2021), os combustíveis fósseis não são renováveis e, atualmente, representam mais de 80% da produção mundial de energia. Os combustíveis fósseis são utilizados para fabricar plástico, aço e uma infinidade de outras coisas. O carvão, o petróleo e o gás natural são três tipos de combustíveis fósseis. O aumento do consumo de energia, o rápido aumento dos preços, a inevitabilidade das alterações climáticas e a necessidade de segurança energética são preocupações importantes relacionadas com os combustíveis fósseis. O abastecimento inadequado de combustíveis fósseis, o rápido crescimento da população, a rápida industrialização e os transportes são as causas dos problemas.

As fontes de energia renováveis prometem colmatar o fosso entre o avanço tecnológico e a degradação ambiental. A biomassa, a energia hidroelétrica, a energia solar e a energia eólica são algumas das opções de energia sustentável disponíveis em todo o mundo. Usmani, (2020) afirmou que, de acordo com a Agência Internacional da Energia (AIE), a Índia é o terceiro maior consumidor de petróleo do mundo, utilizando 70% do gasóleo e 99,6% da gasolina para os transportes. As estatísticas globais sobre energia mostram que a Índia consumiu 249 milhões de toneladas de petróleo bruto em 2016, enquanto produziu 41 milhões de toneladas, o que implica que a produção interna de petróleo bruto se limitou a 20% e os restantes 80% foram importados.

Em 2016-17, a Índia comprou 214 milhões de toneladas de petróleo bruto no valor de 70,2 mil milhões de dólares, enquanto em 2017-18, importou 220 milhões de toneladas por 87,7 mil milhões de dólares. Existe uma grande lacuna entre a oferta e a procura e prevê-se que a Índia importe 92% do petróleo bruto até 2030, devido ao crescimento contínuo do sector dos transportes e à escassez de petróleo bruto nacional. Além disso, os óleos derivados do petróleo são responsáveis por 23% da produção mundial de energia, o que resulta em emissões significativas de gases com efeito de estufa. Usmani (2020) afirmou ainda que, com 2,2 gigatoneladas de CO_2 produzidas em 2017, a Índia é o terceiro maior emissor de CO_2 do mundo, sendo 12% desse valor proveniente do sector dos transportes. Espera-se que uma mudança para combustíveis alternativos num país como a Índia resolva questões como as importações de petróleo bruto e as preocupações com as alterações climáticas. A biomassa é a fonte de energia renovável mais abundante a nível mundial, representando 9% do abastecimento global de energia primária. A biomassa produziu aproximadamente 500 terawatts-hora (TWh) de eletricidade em 2016, representando 2% da produção mundial de eletricidade. Em 2017, a Índia tinha instalado aproximadamente 8,5 gigawatts (GW) de energia de biomassa ligada à rede, representando 14% da capacidade total instalada de energias renováveis do país. A Índia tem uma capacidade de 23 GW para a produção de eletricidade a partir da biomassa.

Os cinco principais estados em termos de capacidade instalada de energia de biomassa na Índia, de acordo com Hiloidhari et al. (2019), são Maharashtra, Uttar Pradesh, Karnataka, Tamil Nadu e Andhra Pradesh. Dhinesh e Annamalai (2018) afirmaram que a capacidade de biomassa baseada em biocombustíveis e resíduos agroflorestais são os principais objectivos da fábrica de biomassa da Índia. A biomassa é um recurso que se encontra distribuído geográfica e temporalmente. Os projectos de energia a partir da biomassa são tipicamente descentralizados, tendo lugar ao nível da aldeia/distrito. Os inventários locais de biomassa ajudarão a alinhar melhor a oferta e a procura, bem como a reduzir os custos de transporte dos biocombustíveis (Liu et al., 2016). Os métodos termoquímicos e bioquímicos são as opções mais comuns para converter a biomassa em biocombustível. A combustão, a pirólise e a gaseificação são exemplos de métodos termoquímicos, enquanto a digestão anaeróbia e a fermentação são exemplos de métodos bioquímicos. O método de conversão termoquímico utiliza calor e produtos químicos para extrair bioenergia, enquanto o método de conversão bioquímico utiliza bactérias, microrganismos e enzimas para decompor a biomassa em combustíveis gasosos e líquidos, como o biogás e o bioetanol (Cai et al., 2017). De acordo com Ghesti et.al., (2022), uma investigação sobre a via de valorização energética de resíduos de sementes de Caryocar brasiliense foi realizada por meio de pirólise, gaseificação e transesterificação para compreender seu potencial como produto de gás de síntese, carvão vegetal e biodiesel.

A bioenergia, sob a forma de biocombustíveis, é largamente utilizada nos sectores dos transportes e da indústria como fonte de calor e de energia, como alternativa ao petróleo pesado e como combustível para a refinação.

mercadoria.

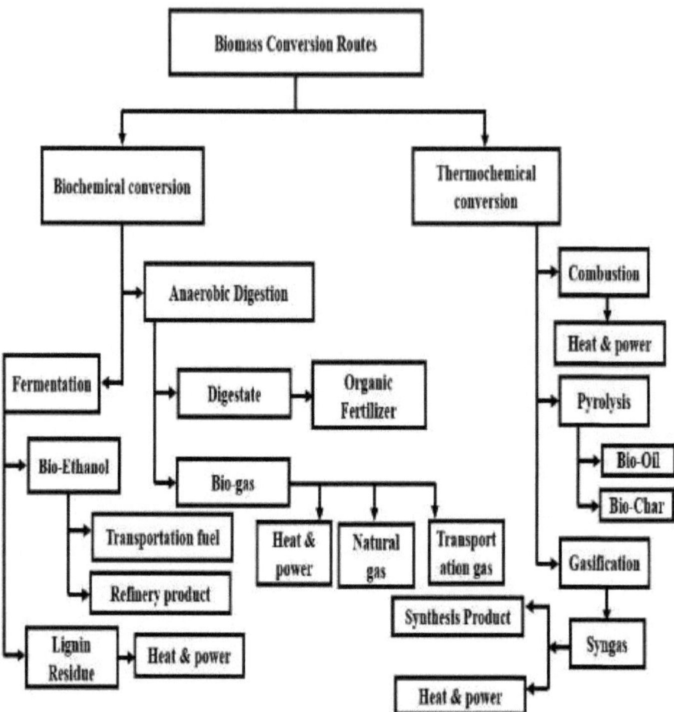

Fig. 1.1. Rotas de conversão da biomassa e utilizações do produto final

A figura 1.1 mostra em pormenor as vias de conversão para a produção de energia a partir da biomassa e as utilizações dos produtos finais. As principais vias de conversão mencionadas neste diagrama são as tecnologias de conversão bioquímica e termoquímica. No processo bioquímico, a digestão anaeróbia e a fermentação são tecnologias que utilizam microrganismos para decompor a biomassa e convertê-la em biocombustíveis úteis. Nesta tese, o foco principal é a tecnologia de conversão termoquímica, especialmente a gaseificação da biomassa, que foi discutida em pormenor. Os parâmetros que afectam o processo de gaseificação são a temperatura, a pressão, o rácio de equivalência e os agentes gaseificadores.

1.2 DESCRIÇÃO DA INVESTIGAÇÃO

A Fig. 1.2 mostra o esquema de investigação para a produção de gás de síntese a partir de biomassa utilizando um sistema de gaseificador de jato descendente. As etapas que foram focadas neste esquema de investigação são a revisão da literatura, a identificação do problema, os critérios de seleção, a avaliação da caraterização termoquímica, os estudos paramétricos, os resultados e a discussão, bem como a conclusão e o trabalho futuro. Os critérios de seleção envolvem a seleção da biomassa, a sua recolha e preparação. A avaliação da caraterização termoquímica trata da análise proximal, da análise final e da determinação do poder calorífico da biomassa. Os estudos paramétricos centram-se principalmente no efeito da temperatura, da pressão e da razão de equivalência na composição do gás de produção.

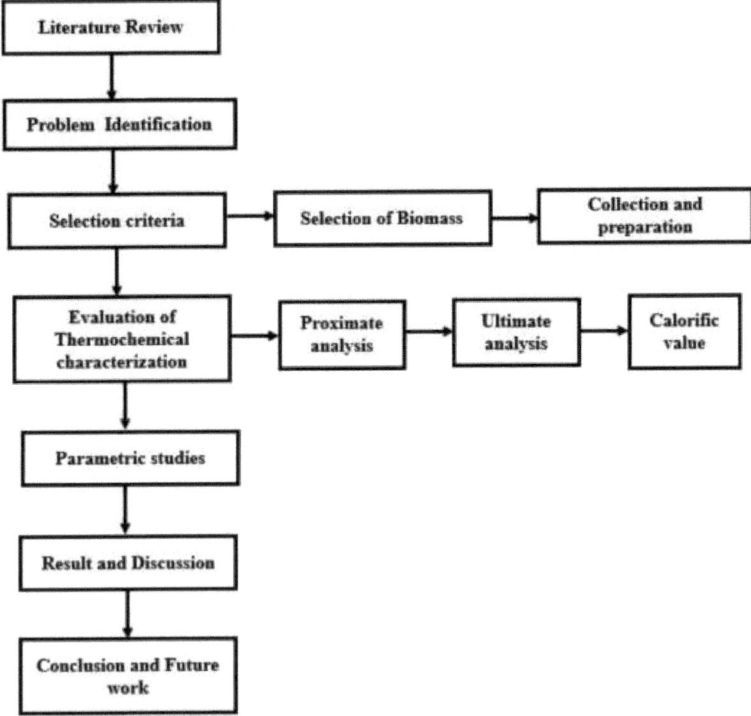

Fig. 1.2. Esquema de investigação para a produção de gás de síntese

1.3 ORGANIZAÇÃO DO LIVRO

Os pormenores do inquérito efectuado são mencionados nos capítulos seguintes:

Chapter 1 trata de uma breve introdução sobre a extração de gás de síntese a partir da biomassa através de um gaseificador de jato descendente através da tecnologia de conversão termoquímica. Este capítulo aborda a biomassa e a sua utilização como fonte de energia na Índia. Além disso, este capítulo apresenta breves ideias sobre várias rotas de conversão e a sua utilização como produto final.

Chapter 2 apresenta uma revisão detalhada da literatura sobre a classificação da biomassa, o cenário atual da conversão de resíduos em energia na Índia, a gaseificação da biomassa, os vários tipos de gaseificadores, as várias zonas do gaseificador. Este capítulo também aborda a química da gaseificação e vários parâmetros que afectam a gaseificação.

Chapter 3 fornece uma configuração experimental pormenorizada da unidade de gaseificação de jato descendente. Este capítulo também fornece pormenores sobre as várias partes da unidade de gaseificação. Além disso, este capítulo também trata do funcionamento da instalação experimental.

Chapter 4 trata da metodologia experimental adoptada. Este capítulo consiste na seleção da amostra de biomassa e na sua preparação. Este capítulo trata também da análise termofísica da biomassa e da análise do seu conteúdo energético. Além disso, este capítulo trata da análise numérica utilizando a reação de equilíbrio da gaseificação.

Chapter 5 fornece o resultado da investigação numérica que é realizada utilizando o equilíbrio da reação de gaseificação através da variação de diferentes parâmetros, tais como a temperatura e a razão de equivalência. Este capítulo inclui também os resultados da análise termofísica da biomassa.

Chapter 6 apresenta as conclusões retiradas da investigação numérica do gaseificador downdraft utilizando folhas de Neem e Ashoka como matéria-prima. Este capítulo trata das conclusões e do seu âmbito futuro que foram retirados da investigação numérica do gaseificador downdraft. Por último, são apresentados os apêndices e as referências.

CAPÍTULO 2

REVISÃO DA LITERATURA

2.1 GERAL

A biomassa é um recurso natural fortemente sustentável que pode ser utilizado como combustível alternativo. De acordo com Loppinet Serani et al. (2008), todos os materiais orgânicos extraídos de plantas ou animais são considerados biomassa. A biomassa pode ser formada pela conversão de dióxido de carbono (CO_2) em hidratos de carbono com a ajuda da energia solar na presença de clorofila. Para qualquer biomassa, a energia pode ser aproveitada principalmente por dois métodos distintos, ou seja, bioquímico ou termoquímico. Neste caso, foi adotado o método termoquímico para extrair energia da biomassa porque a biomassa utilizada é de natureza seca. O processo de formação da biomassa é apresentado na equação 2.1 (Basu, 2010). As plantas vivas, a radiação solar, a clorofila (catalisador), o dióxido de carbono e a água são todos elementos cruciais para o crescimento da biomassa. Os hidratos de carbono são substâncias que contêm principalmente carbono, hidrogénio e oxigénio, pelo que não se trata apenas de dióxido de carbono (CO_2). A formação de hidratos de carbono requer dióxido de carbono, água, radiação solar e clorofila (Basu, 2010). Ciubota-Rosie et al. (2008) afirmam que existem essencialmente quatro tipos de biomassa disponíveis em todo o mundo. A principal classificação da biomassa é a seguinte: Resíduos (resíduos agrícolas, resíduos de madeira, resíduos orgânicos), produtos florestais (arbustos, madeira e resíduos de madeira, casca e serradura), culturas energéticas como as oleaginosas (girassol, soja), culturas lenhosas herbáceas, culturas açucareiras (beterraba e cana), culturas forrageiras (alfafa, gramíneas e trevo), plantas aquáticas como ervas daninhas aquáticas, algas, jacinto de água, juncos e canas.

$$\text{Plant} + CO_2 + H_2O \rightarrow CH_mO_n + O_2 \quad (-480\ \text{kJ/mol}) \tag{2.1}$$

Os seguintes segmentos de mercado podem ser utilizados para categorizar as aplicações da biomassa: (a) Uma parte dos combustíveis fósseis utilizados nas instalações de aquecimento urbano está a ser substituída. (b) Em vez de gasolina, a biomassa é utilizada como substituto de combustíveis fósseis (geradores de vapor e caldeiras de água quente utilizam lascas e toros de madeira como fonte industrial). (c) Em pequenas aldeias e cidades próximas de recursos naturais onde as populações têm escassez de redes de distribuição de gás podem utilizar a biomassa para fins de aquecimento. (d) Deve ser dada prioridade máxima à utilização da biomassa para aquecimento e substituição do petróleo. Demirba? (2001) referiu as vantagens do combustível de biomassa em relação aos combustíveis fósseis. O combustível de biomassa tem um baixo teor de enxofre, contém menos cinzas e emite muito pouca poluição. Como resultado, a combustão da biomassa não produz dióxido de enxofre, que é considerado a principal causa da chuva ácida. As cinzas produzidas podem ser utilizadas como fertilizante para terras agrícolas.

Ao empregar a biomassa como fonte de energia, a quantidade de lixo entregue em aterros pode ser minimizada, o que tem um impacto substancial no grande problema da eliminação de resíduos, particularmente nas áreas municipais. A volatilidade do mercado global e a imprevisibilidade do fornecimento de combustível importado não têm qualquer impacto na utilização da biomassa como fonte de energia. Consequentemente, a redução da nossa dependência de combustíveis fósseis como o petróleo aliviará os encargos económicos da importação de produtos petrolíferos.

2.2 SITUAÇÃO ACTUAL DAS TÉCNICAS DE RECICLAGEM DE RESÍDUOS PARA ENERGIA NA ÍNDIA

A Índia é um país em rápida expansão, com o 11th maior PIB do mundo e a 3rd maior economia do mundo em termos de Paridade do Poder de Compra (PPC) (Kalyani e Pandey, 2014). Está a passar por um surto de industrialização, urbanização e população, que estão a exercer uma pressão indevida sobre os recursos do país e a criar uma quantidade crescente de resíduos. A Índia é o segundo país mais populoso do mundo, com uma população de 1,2 mil milhões de pessoas. Na última década, a população do país registou um crescimento de 31,8%. Na Índia, a produção de resíduos per capita aumentou de 0,44 kg por dia em 2001 para 0,5 kg por dia em 2011. Este facto deve-se à mudança dos estilos de vida dos indianos urbanos e ao aumento da paridade do poder de compra (PPP). Nas últimas décadas, este facto resultou num aumento de 50% dos resíduos produzidos pelas cidades indianas. A Índia tem 53 cidades com um milhão de habitantes ou mais, que produzem 86 000 toneladas de lixo por dia através da despolimerização térmica (TDP). Estima-se que a quantidade total de resíduos sólidos urbanos (RSU) produzidos na Índia seja de 188 500 toneladas por dia (TPD). Este aumento da produção de resíduos não só tem colocado uma pressão sobre o orçamento do país, como também representa uma ameaça para a saúde, o ambiente e o clima do país. As técnicas de reciclagem de resíduos mais populares seguidas na Índia são as técnicas de conversão térmica, como a incineração, a pirólise, a gaseificação e o combustível derivado de resíduos (CDR), as técnicas de conversão bioquímica, como a compostagem, a vermicompostagem e a digestão anaeróbia, e as técnicas de conversão química, como a transesterificação e outros processos de conversão de óleos vegetais e vegetais em biodiesel.

De acordo com o Ministério das Energias Novas e Renováveis (MNRE), a Índia só consegue explorar e aproveitar 24 MW dos 1460 MW de eletricidade utilizável. Isto representa apenas 1,64% do potencial global (Kalyani e Pandey, 2014).

2.3 GASEIFICAÇÃO DA BIOMASSA

A gaseificação de biomassa e o gás de síntese foram descobertos antes da Segunda Guerra Mundial, e a primeira fábrica de gaseificação foi estabelecida na América do Norte em 2001 (Tilay et al., 2014). O carvão, o coque, o petróleo, a biomassa e os resíduos industriais estão entre as matérias-primas à base de carbono utilizadas na gaseificação. A gaseificação de biomassa é a conversão termoquímica de matéria-prima de biomassa em produtos gasosos, como H_2, CO, CO_2, H_2O, CH_4, hidrocarbonetos superiores e N_2. O processo de gaseificação é frequentemente realizado com a ajuda de um agente de gaseificação, como vapor, ar, oxigénio puro e uma mistura de vapor e ar ou oxigénio a temperaturas que variam entre 500 e 1400 °C e pressões atmosféricas até 33 bar (Ahmad et al., 2016). De acordo com Singh Siwal, a gaseificação é uma oxidação térmica parcial que produz uma elevada proporção de compostos gasosos, tais como CO_2, H_2O, CO, H_2 e hidrocarbonetos gasosos. Também contém pequenas quantidades de carvão, cinzas e produtos químicos condensáveis, como alcatrões e óleos (Singh Siwal et al., 2020). A gaseificação da biomassa utilizando vapor-oxigénio produz gás de síntese com um teor máximo de H2 de 40% (Kamyab et.al., 2022).

2.3.1 Gaseificador de biomassa

O equipamento utilizado para a gaseificação da biomassa é designado por gaseificador e existe em quatro modelos diferentes. Cada modelo tem o seu próprio conjunto de vantagens e desvantagens. Os gaseificadores de biomassa são utilizados para uma variedade de aplicações e são escolhidos com base nos méritos relativos de cada projeto. Por exemplo, em aplicações de motores, é necessário um gás muito limpo (menos alcatrão), e os gaseificadores de biomassa de jato descendente são conhecidos por o fornecerem. O processo de gaseificação ocorre em quatro etapas, dependendo da configuração do gaseificador (Richardson et al., 2015). Estas são a secagem, a pirólise, a combustão e a redução ou gaseificação.

Mais de um século de ideias para reactores de gaseificação foram investigadas, resultando numa variedade de modelos de pequena e grande escala. Podem ser classificados da seguinte forma (Rauch, 2003): agentes de gaseificação (gaseificadores de oxigénio, gaseificadores de sopro de ar e gaseificadores de vapor), fonte de calor (gaseificadores de aquecimento direto e gaseificadores de aquecimento indireto), pressão dos gaseificadores (gaseificadores pressurizados e atmosféricos). pressão dos gaseificadores (gaseificadores pressurizados e gaseificadores atmosféricos). A conceção dos reactores é a seguinte: gaseificadores de leito fixo (updraft, downdraft e cross draft), gaseificadores de leito fluidizado (borbulhante, circulante e de leito duplo) e gaseificadores de fluxo arrastado. **A Fig. 2.1** mostra a classificação do sistema de gaseificação (Singh Siwal et al., 2020).

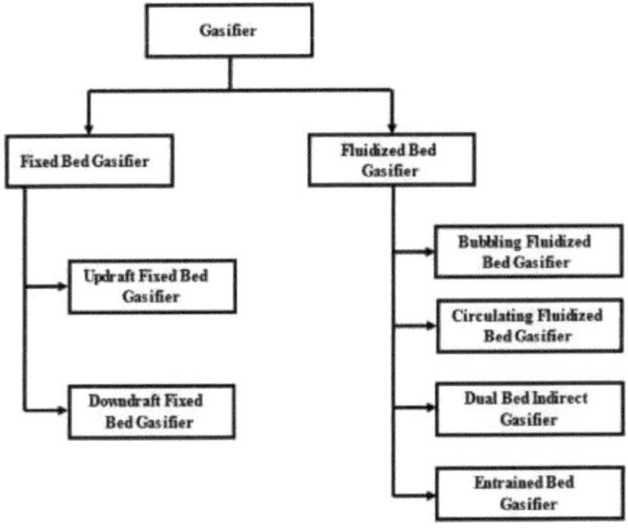

Fig. 2.1. Classificação do sistema de gaseificação

A Tabela 2.1 mostra as vantagens e desvantagens de vários sistemas de gaseificação de configuração (Singh Siwal et al., 2020).

Quadro 2.1 Vantagens e desvantagens das várias configurações de um sistema de gaseificação

Configuração	Vantagens	Desvantagens
Gaseificadores de jato ascendente	• A matéria-prima era O ar era fornecido pela parte superior e o ar era fornecido pela parte inferior através de uma grelha. • O carvão formado por biomassa por aerificação e	-Nas cabeças dos reactores, há uma canalização da produção de oxigénio e de substâncias potencialmente perigosas situações.
	A devolatilização foi queimada na	-A necessidade de anexar

	parte inferior. -Opera com uma variedade de matéria-prima composta por carvão e biomassa.	um programado para agitar a grelha numa situação volátil.
Gaseificador Downdraft	• Tanto a alimentação como o ar foram fornecidos da parte superior para a parte inferior do reator. • O tetar-freegas é gerado. • Tempo de arranque Cerca de 20 a 30 minutos. • Menor densidade aparente (250 kg/m)[3] • Teor de cinzas (inferior a 5%).	• A matéria-prima específica foi utilizado. • Problemas de fluxo e gotículas de alta pressão não conseguem parar o crescimento de matéria-prima de baixa densidade. • Carvão com maior teor de cinzas conteúdo. • Os produtos têm menor valores caloríficos.
Gaseificador de tiragem cruzada	• A alimentação é fornecida por no topo, e o ar é fornecido pela parte lateral do reator. • A transferência de biomassa para baixo durante a saída de ar de diferentes lados do componente à medida que este era desidratado, desvolatilizado, pirolisado e finalmente gaseificado. • O tempo de arranque é muito reduzido de cerca de 5 a 10 minutos. • Mais adequado para carvão vegetal.	• O gás do produto tem um alta temperatura. • Alta velocidade do gás e a privação da queda de CO_2 são os principais problemas. • Limitar a utilização de combustíveis com baixo teor de cinzas, incluindo madeira, carvão vegetal e coque.

2.3.2 Química da gaseificação da biomassa

A química da gaseificação da biomassa é muito complicada. Geralmente, a gaseificação da biomassa consiste na secagem, pirólise, oxidação e redução (Puig-Arnavat et al., 2010). A reação química envolvida durante a reação de gaseificação a 25 C é representada pela seguinte equação (Higman, 2008; Klass, 1998; Knoef e
Ahrenfeldt, 2012). As principais reacções do processo de gaseificação são a reação de carbono, a reação de oxidação, a reação de deslocamento, a reação de metanação e a reação de reforma a vapor.

Tabela 2.2. Química da gaseificação

Tipo de reação	Reação	Libertação de calor	Número de equação

		(KJ/mol)	
	Reação do carbono		
R-1	$C + CO_2 \leftrightarrow 2CO$ (Reação de Bourdered)	172	(2.2)
R-2	$C + H O_2 \leftrightarrow CO + H_2$ (Reação de hidrogaseificação)	131	(2.3)
R-3	$C + 2H_2 \leftrightarrow CH_4$ (Reação de metanação)	-74.8	(2.4)
R-4	$C + 0,5\ O_2 \rightarrow CO$	-111	(2.5)
	Reação de oxidação		
R-5	$C + O_2 \rightarrow co_2$	-394	(2.6)
R-6	$CO + 0,5\ O_2 \rightarrow CO_2$	-284	(2.7)
R-7	$CH_4 + 2O_2 \leftrightarrow CO_2 + 2H\ O_2$	-803	(2.8)
R-8	$H_2 + 0,5\ O_2 \rightarrow H\ O_2$	-242	(2.9)
	Reação de deslocamento		
R-9	$CO + H\ O_2 \leftrightarrow CO_2 + H_2$	-41.2	(2.10)
	Reação de metanação		
R-10	$2CO + 2H_2 \rightarrow CH_4 + CO_2$	-247	(2.11)
R-11	$CO + 3H_2 \leftrightarrow CH_4 + H\ O_2$	-206	(2.12)
R-14	$CO_2 + 4H_2 \rightarrow CH_4 + 2H\ O_2$	-165	(2.13)
	Reação de reformação do vapor		
R-12	$CH_4 + H\ O_2 \leftrightarrow CO + 3H_2$	206	(2.14)
R-13	$CH_4 + 0,5\ O_2 \rightarrow CO + 2H_2$	-36	(2.15)

2.3.3 Secagem da biomassa

A madeira acabada de cortar tem normalmente um teor de humidade de 30 a 60%. Quando a humidade é extraída da biomassa, o gaseificador perde pelo menos 2260 KJ de energia que não é recuperável. Este elevado valor de perda de energia é uma grande preocupação para qualquer sistema de energia. Foi necessário um grau específico de pré-secagem para extrair o máximo de humidade possível da biomassa antes de esta ser introduzida no gaseificador. Para produzir um gás combustível com um elevado valor de aquecimento, a maioria dos sistemas de gaseificação utiliza biomassa seca com um teor de humidade de 10 a 20%. Depois de chegar ao gaseificador, a alimentação é seca e absorve calor da zona quente a jusante. A alimentação seca devido ao calor, permitindo a saída de água. Acima de 100 °C, a água fracamente ligada na biomassa perde-se irreversivelmente. À medida que a temperatura aumenta, os extractivos de baixo peso molecular começam a volatilizar-se. Este processo continua até que a temperatura atinja os 200 C (Basu, 2010).

2.3.4 Pirólise

Antes da gaseificação, ocorre a pirólise, que é a decomposição térmica das moléculas de hidrocarbonetos superiores da biomassa em moléculas gasosas mais pequenas, sem interações químicas importantes com o meio de gaseificação. Estas moléculas gasosas podem ser condensáveis ou não condensáveis. O alcatrão é um produto de pirólise proeminente que se forma quando o vapor condensável produzido durante o processo se condensa. Devido à natureza pegajosa do alcatrão, a aplicação industrial do resultado da gaseificação da biomassa é particularmente problemática. A pirólise pode ser classificada em dois tipos: a pirólise lenta produz um elevado teor de carvão e a pirólise rápida produz um elevado teor de hidrocarbonetos. (Basu, 2010).

2.3.5 Reação de gaseificação de carvão vegetal

Após a pirólise, a biomassa é gaseificada, o que envolve interações químicas entre os hidrocarbonetos do combustível, H_2O, CO_2, O_2 e H2 no reator, bem como reacções químicas entre os gases resultantes. A mais significativa destas reacções é a gaseificação do carvão. Durante a pirólise, o carvão formado não é carbono puro, uma vez que contém hidrogénio e oxigénio. Comparado com o coque, o carvão de biomassa é altamente poroso e reativo. O carvão vegetal é 40 a 50% poroso, enquanto o carvão é 2 a 18%. O tamanho dos poros do carvão de biomassa é de cerca de 20 a 30 pm, enquanto o do carvão é de cerca de 5 A (Encinar et al., 2001). Durante a gaseificação, ocorrem múltiplas interações químicas entre o agente gaseificante e o carvão.

Char

$$\text{Char} + H_2O \rightarrow CH_4 + CO \qquad (2.16)$$

$$\text{Char} + CO_2 \rightarrow CO \qquad (2.17)$$

$$\text{Char} + O_2 \rightarrow CO_2 + CO \qquad (2.18)$$

$$\text{Char} + H_2 \rightarrow CH_4 \qquad (2.19)$$

A maioria das reacções de gaseificação são endotérmicas, enquanto algumas são exotérmicas. As equações (2.4), (2.5) e (2.6) são exemplos de uma reação exotérmica, enquanto as equações (2.2) e (2.3) são exemplos de uma reação endotérmica. Para as equações (2.2) a (2.15), o calor de reação corresponde a 25 °C (Basu, 2010). A velocidade da reação de gaseificação do biochar depende da reatividade e do potencial dos agentes gaseificadores. Por exemplo, o oxigénio é um agente gaseificante forte em comparação com o vapor e o ar, respetivamente. A taxa de reação carvão-oxigénio é a mais rápida entre as equações (2.2), (2.3), (2.4) e (2.5). Como a reação é muito rápida, absorve todo o oxigénio, não deixando oxigénio livre para outras reacções. Quando comparada com a reação de carvão com oxigénio, a reação de carvão com vapor é três a cinco ordens de grandeza mais lenta. O processo de carbonização com dióxido de carbono é seis a sete ordens de grandeza mais lento. As reacções de vapor de água ou de gaseificação da água ocorrem a um ritmo que é duas a cinco vezes mais rápido do que as reacções de dióxido de carbono (Di Blasi, 2009). A uma temperatura de 800 °C e a uma pressão de 10 KPa, a taxa relativa de reação é de 10^5 para O_2, 10^3 para H_2O, 10^1 para CO_2 e 3 x 10^{-3} para H2 (Basu, 2010). A taxa relativa das reacções é apresentada na equação (2.20).

$$R_{C+H_2} \ll R_{C+CO_2} < R_{C+H_2O} \ll R_{C+O_2} \qquad (2.20)$$

2.3.6 Reação de combustão de carvão vegetal

Geralmente, a reação de gaseificação é endotérmica. Assim, é necessário calor para a reação e para o processo de secagem, aquecimento e pirólise, respetivamente. Esta é a razão pela qual é permitida uma certa quantidade de reação de combustão no gaseificador. A reação nas equações (2.5) e (2.6) é a mais adequada, uma vez que liberta 111 KJ/mol e 394 KJ/mol, respetivamente. Ambas as reacções podem ocorrer quando o carbono encontra o oxigénio, mas o grau de cada reação depende da temperatura.

Para avaliar a distribuição de oxigénio entre as duas reacções, pode definir-se um coeficiente de partição B. As equações (2.5) e (2.6) podem ser representadas de forma combinada como a equação (2.21).

$$\beta C + O_2 \rightarrow (2-\beta)CO_2 + 2(\beta - 1)CO \quad (2.21)$$

O valor do coeficiente de partição depende da temperatura e situa-se entre 1 e 2. De acordo com (Arthur, 1951), o valor do coeficiente de partição pode ser avaliado pela equação (2.22).

$$\beta = \frac{[CO]}{[CO_2]} = 2400\, e^{-\left(\frac{6234}{T}\right)} \quad (2.22)$$

Onde T é a temperatura superficial do carvão. Geralmente, uma reação de combustão é mais rápida do que uma reação de gaseificação em condições semelhantes. A taxa da reação de combustão é, pelo menos, um passo superior à da reação de gaseificação (Basu, 2010).

2.4 IMPACTO DE VÁRIOS PARÂMETROS NO PROCESSO DE GASEIFICAÇÃO

A composição do gás de síntese varia muito e depende principalmente da matéria-prima, do pré-tratamento da matéria-prima, do tipo de gaseificador, do meio de gaseificação e de determinados parâmetros operacionais, como a pressão, a temperatura e a natureza da interação dos reagentes durante o processo de gaseificação (Hanaoka et al., 2005). O efeito dos principais parâmetros no gás de produção é discutido em pormenor na secção seguinte.

2.4.1 Teor de humidade para o processo de gaseificação

A biomassa contém humidade naturalmente e pode também absorvê-la do ambiente circundante. A presença de humidade promove a reação de transferência de gás de água durante o processo de gaseificação que dá origem à concentração de CO_2 absorvendo CO e produzindo H2 (Roy et al., 2009; Zainal et al., 2001). Embora a constante de equilíbrio da reação de transferência de água permaneça relativamente constante numa vasta gama de temperaturas, a direção da reação tende a inverter-se a temperaturas mais elevadas.

Na gaseificação de biomassa com maior teor de humidade, a energia térmica dentro do gaseificador diminui porque a evaporação da humidade necessita de mais calor do que a pequena quantidade de calor obtida devido à atividade exotérmica da reação de transferência de água e gás (Melgar et al., 2007). Consequentemente, o cenário piora à medida que a temperatura desce e é produzido mais CO_2, uma vez que a reação de transferência de água melhora a temperaturas mais baixas. Como o ligeiro aumento de H2 é insuficiente para compensar a grande quantidade de CO perdida devido ao aumento do teor de humidade, o valor calorífico do gás de produção é reduzido (Melgar et al., 2007; Roy et al., 2009; Zainal et al., 2001). De acordo com Roy et al., quando o teor de humidade do gás de produção aumenta de 0 para 40%, o valor calorífico do gás reduz-se em 8,72% a uma razão de equivalência (ER) de 0,45 e 4,7% a uma razão de equivalência (ER) de 0,29 num gaseificador downdraft. Graças ao seu modelo de equilíbrio, este resultado pode ser aplicado a qualquer sistema de gaseificação. O limite autotérmico é de 65% de humidade, acima do qual o processo de gaseificação é impossível devido à falta de entalpia necessária para a vaporização. É necessário combustível adicional para a combustão se a percentagem de humidade for superior a 50%.

De acordo com M Dogru et al., 2002, no gaseificador downdraft 30% de base húmida, o teor de humidade é admissível (Murat Dogru et al., 2002). De acordo com Sheth & Babu, o aumento do teor de humidade diminui a taxa de consumo de biomassa, atribuído ao aumento do calor necessário para secar as aparas de madeira dentro do reator até que possam ser pirolisadas (Sheth & Babu, 2009). No entanto, algum teor de humidade é muitas vezes benéfico porque melhora a reforma a vapor e ajuda no craqueamento do alcatrão, bem como noutras reacções como a gaseificação do carvão quando aquecido a temperaturas mais elevadas (Li et al., 2004; Narvaez et al., 1996).

2.4.2 Rácio de equivalência para o processo de gaseificação

O rácio de equivalência (ER) compara a quantidade de ar fornecida para a gaseificação com a quantidade necessária para a combustão completa, dividindo o rácio ar-combustível real pelo rácio ar-combustível estequiométrico. Pode ser representado matematicamente, utilizando a equação 2.23 (Basu, 2010). Para a gaseificação, ER deve ser menor que 1 e para a combustão, deve ser igual ou maior que 1.

$$ER = \frac{\text{Actual air}}{\text{Stoichiometric air}} \quad (2.23)$$

$$\frac{\text{Ar real}}{\text{Ar estequiométrico}}$$

Em qualquer processo de gaseificação, o ER é o parâmetro mais crítico e tem um impacto significativo na composição do gás de produção. À medida que o ER aumenta, a temperatura dentro do gaseificador aumenta, enquanto a formação de carvão aumenta à medida que o ER diminui. À medida que o ER aumenta, as quantidades de produtos combustíveis diminuem, resultando num aumento da produção de CO_2 e num menor rendimento total de gás, reduzindo o valor de aquecimento do gás de produção final. (Hanping et al., 2008; Skoulou, Koufodimos, et al., 2008; van den Enden e Lora, 2004). De acordo com Zainal et al., concluiu-se que o valor ótimo de ER de 0,38 para a matéria-prima (madeira para mobiliário e aparas de madeira) permite obter o máximo de CO, CH_4 e valor calorífico e o mínimo de CO_2 (Zainal et al., 2002). Devido aos processos de condução e convecção, é necessária uma relação de equivalência óptima para acelerar as taxas de pirólise e secagem, o que também aumenta a taxa de consumo de biomassa. Para a gaseificação downdraft de caroços de azeitona, estacas de oliveira e madeira de mobiliário, foi registada uma razão de equivalência óptima de 0,2 (Skoulou, Zabaniotou, et al., 2008). Uma vez que diferentes biomassas têm diferentes composições elementares, particularmente em termos de oxigénio e cinzas, a ER óptima varia de biomassa para biomassa. De acordo com a literatura, o rácio de equivalência para uma gaseificação eficaz deve ser de cerca de 0,3-0,4.

Qualquer substância química com um peso molecular superior ao do benzeno é designada por alcatrão (Milne et al., 1998). O aumento do RE pode resultar numa diminuição do teor de alcatrão. Quanto mais elevado for o ER, mais oxigénio estará disponível para o cracking do alcatrão em hidrocarbonetos inferiores, CO_2 e H_2O. Verifica-se uma mudança entre os tipos de alcatrão no intervalo aplicável de 0,15 a 0,4 ER. O alcatrão pesado diminui enquanto o alcatrão leve aumenta (van der Drift e van Doorn, 2008). De acordo com Corella et al., o Pinewood num leito fluidizado com uma razão de equivalência superior a 0,36, é utilizado para manter a concentração de alcatrão abaixo de 2 g/m^3 , acima do qual a formação de coque não excede a sua taxa de remoção (Corella et al., 2006).

2.4.3 Temperatura para o processo de gaseificação

O teor de alcatrão e carvão diminui com o aumento da temperatura do gaseificador (Kiiciik e Demirba§, 1997; Skoulou, Koufodimos, et al., 2008). Um maior craqueamento do alcatrão aumenta o rendimento do gás. A recirculação interna do gás de produção é um dos métodos para aumentar a temperatura (Wander et al., 2004). A temperatura de craqueamento do alcatrão é normalmente estimada entre 1000 e 1100 C, dependendo da conceção do gaseificador (Murat Dogru et al., 2002; Milne et al., 1998). São também utilizados outros métodos de craqueamento do alcatrão, como os gaseificadores de várias fases.

Para o craqueamento do alcatrão, os gaseificadores de várias fases utilizam a oxidação parcial do gás de pirólise obtido na zona de pirólise, diminuindo o teor de alcatrão para valores tão baixos como 15 mg/Nm^3 (volume na NTP) (Brandt et al., 2000). A temperaturas mais elevadas, as reacções endotérmicas são altamente favoráveis, o que aumenta o teor de CO (Zabaniotou et al., 2008). A eficiência da conversão de massa diminui à medida que a temperatura desce. A eficiência da conversão de massa é muito baixa para uma zona de oxidação abaixo de 725 C (Rogel & Aguillon, 2006). Com um aumento da temperatura de funcionamento alimentado por um fornecimento externo de calor no gaseificador com uma razão de equivalência constante, o valor de aquecimento e o rendimento do gás de produção aumentam à medida que os combustíveis crescem, nomeadamente a temperaturas superiores a 800 °C (ER) (Hanping et al., 2008; Li et al., 2004; Zainal et al., 2002).

Os combustíveis baixam quando a temperatura aumenta devido a um aumento de ER no reator. Exceto no caso de pequenas instalações piloto que podem ser aquecidas com calor externo, a regulação da temperatura não pode ser independente em todos os processos de gaseificação porque é uma variável de saída. Vários factores influenciam a temperatura do reator, incluindo o teor de humidade, as perdas de calor, o ER e a quantidade de vapor fornecida (Corella e Sanz, 2005; Kersten et al., 2003a). Como resultado, a temperatura dentro do gaseificador deve representar o melhor ER. O método ideal é utilizar o calor residual em conjunto com o isolamento adequado do reator. O craqueamento térmico reduz a quantidade de alcatrão no ar à medida que a temperatura aumenta. Além disso, Cao et al. verificaram que a secção superior do reator tinha uma maior redução de alcatrão com o mesmo aumento do que a parte inferior (Cao et al., 2006; Pan et al., 1999). Os alcatrões pesados são os produtos não fissurados do processo de pirólise, enquanto os alcatrões leves são os derivados fissurados do alcatrão pesado. A degradação do alcatrão pesado em alcatrão leve e noutros produtos químicos parece melhorar o alcatrão leve em algumas circunstâncias. De acordo com vários estudos, as temperaturas num leito fluidizado para a gaseificação da biomassa são de aproximadamente 800-900 °C (Saxena et al., 2008; Wu et al., 2003). A dependência das composições de H2 e CO com o aumento da temperatura está ligada a reacções endotérmicas, tais como a reação de Bouduard, a metanação inversa e o vapor de carbono (Faraji et.al., 2022).

2.4.4 Tamanho das partículas para o processo de gaseificação

Em comparação com o gaseificador de leito fluidizado, o gaseificador de leito fixo tem uma restrição menor quanto ao tamanho da biomassa. Para o gaseificador de leito fixo, recomenda-se um tamanho de alimentação de 51 mm e, para o de leito fluidizado, de 6 mm. Num sistema de gaseificador de corrente ascendente, Saravanakumar et al. utilizaram um pau com um comprimento de 68 cm e um diâmetro de 6 cm (Saravanakumar et al., 2007). Um oitavo do diâmetro da garganta do reator é o tamanho máximo de partícula de biomassa recomendado para um gaseificador downdraft padrão com desenho de garganta (Earp e Bridgwater, 1988).

A grande dimensão das partículas de biomassa actua como uma barreira ao fluxo da matéria-prima no interior do gaseificador, enquanto as partículas pequenas misturadas com o agente de gaseificação provocam uma queda substancial da pressão, resultando na paragem do gaseificador. De acordo com Sharma, à medida que o tamanho das partículas da matéria-prima de biomassa diminui, a temperatura das zonas de oxidação e redução aumenta num gaseificador de jato descendente (Sharma, 2007). A redução do tamanho das partículas na zona de oxidação e redução reduz a perda de calor devido à radiação e aumenta a condutividade térmica. Por outro lado, as quedas de pressão dentro do gaseificador aumentam à medida que o tamanho das partículas diminui. Com o aumento da densidade aparente e do tamanho das partículas, a taxa de combustão e o tempo de oxidação do carvão das partículas de combustível diminuem (Ryu et al., 2006; Shin e Choi, 2000). A taxa de consumo de biomassa é inversamente proporcional ao tamanho das partículas (Tinaut et al., 2008). Por outras palavras, para tamanhos de partículas de biomassa maiores, sugere-se um período de residência mais longo. Com o aumento da concentração de CO_2, verifica-se uma diminuição do CO. Quando o tamanho dos cubos de madeira utilizados nos ensaios foi aumentado de 10 mm para 35 mm.

Ryu et al. observaram uma queda no CO de 18% para 13,5%. O seu modelo prevê uma diminuição do CH4 e um aumento do H2 à medida que a dimensão das partículas de biomassa aumenta. Além disso, o tempo necessário para a transferência de calor aumenta à medida que o gradiente de temperatura diminui. Como resultado, a distribuição da temperatura seria má, o que é uma das razões para o aumento da concentração de CO_2 à medida que a dimensão das partículas aumenta. A biomassa mais pequena aumenta a concentração de alcatrão devido a uma maior suscetibilidade de arrastamento durante a fluidização, enquanto a dimensão das partículas tem pouco efeito na eficiência da conversão do carbono. Isto deve-se ao facto de as partículas poderem ser transferidas rapidamente para os níveis superiores do reator, não deixando tempo para o alcatrão quebrar (Leung & Wang, 2003). O multi-estágio pode ajudar a evitar esta situação, como demonstrado por Kersten et al., que conceberam um projeto único de gaseificador que consiste em numerosas estruturas em forma de cone soldadas entre si, cada uma com a sua base ligada ao tubo seguinte de diâmetro idêntico. A conceção permite a manutenção de várias secções fluidizadas num único reator, permitindo um controlo eficaz dos sólidos e da retro-mistura do gás (Kersten et al., 2003b). A queda de temperatura axial, por outro lado, aumenta dramaticamente à medida que o tamanho do objeto diminui. Isto deve-se ao facto de as partículas de alimentação passarem facilmente pelo ponto de alimentação, causando pouca ou nenhuma reação abaixo do ponto de alimentação. Como resultado, a homogeneidade do material do leito ao longo do reator não pode ser mantida (Kersten et al., 2003a; van der Drift e van Doorn, 2008).

2.4.5 Teor de poeiras e alcatrão no processo de gaseificação

Todos os gaseificadores produzem quase pó. Esta poeira é irritante, uma vez que pode bloquear o motor de combustão interna e tem de ser limpa. O gaseificador deve ser concebido de modo a não produzir mais de 2-6 g/m^3 de poeiras. Quanto maior for a quantidade de poeira colocada nos filtros em resultado do aumento da produção de poeira, mais frequentes serão a lavagem e a manutenção (Kaupp, 1982). Os combustíveis carbonosos, quando queimados num gaseificador, dão origem a gás combustível. A utilização de combustível de pirólise no gaseificador resulta em hidrocarbonetos superiores (alcatrão), com uma temperatura de condensação inferior a 150 °C. Os alcatrões são geralmente produtos orgânicos de gaseificação que são aromáticos (Singh et al., 2014). A cor do alcatrão pode variar de castanho e aguado (60% de água) a preto e extremamente viscoso, dependendo da temperatura e da intensidade do calor (7% de água). Pensa-se que um gaseificador downdraft emite menos alcatrão do que outros tipos de gaseificadores. A dissociação completa do alcatrão não é possível devido a processos localizados ineficazes que ocorrem na garganta do gaseificador downdraft (Kaupp, 1982).

2.4.6 Depósitos de cinzas para o processo de gaseificação

O conteúdo mineral de um combustível que permanece oxidado depois de ter sido completamente queimado é referido como cinza. A quantidade de cinzas no combustível e a sua estrutura têm um grande impacto na capacidade do gaseificador de funcionar corretamente. A remoção das cinzas e do alcatrão são os dois procedimentos mais importantes para o funcionamento correto de um sistema de gaseificação. Foram desenvolvidas várias tecnologias para remover as cinzas. Alguns combustíveis com elevado teor de cinzas podem ser facilmente gaseificados se for incluído no gaseificador um equipamento sofisticado de remoção de cinzas. No entanto, a utilização dos procedimentos abaixo indicados para o funcionamento do gaseificador permite evitar a escória das cinzas. (Kaupp e Goss, 1981). A atividade a baixa temperatura mantém uma temperatura muito abaixo da temperatura baixa das cinzas. A atividade a alta temperatura mantém a temperatura acima do ponto de fusão das cinzas. A primeira abordagem implica a introdução de vapor ou água na zona de oxidação, enquanto a segunda exige que a escória fundida seja extraída da zona de oxidação. Cada método tem vantagens e desvantagens, consoante o combustível e a conceção do gaseificador.

2.5 Impurezas e limpeza dos gases de produção

O gás de produção é composto principalmente por monóxido de carbono, hidrogénio, metano e dióxido de carbono. Contém também vapor de água, azoto e outras impurezas como enxofre, alcatrão, azoto, cloro e compostos de álcalis, respetivamente, juntamente com partículas. Para cumprir os regulamentos de controlo de emissões, os poluentes indesejáveis no gás de produção do processo de gaseificação devem ser removidos para padrões aceitáveis, dependendo da aplicação. O termo "limpeza primária" ou "in-situ" refere-se ao processo de remoção de contaminantes do interior do gaseificador. A limpeza primária do gás de produção, que envolve uma boa conceção, parâmetros de funcionamento óptimos e a aplicação de aditivos e catalisadores adequados, pode reduzir o custo da limpeza secundária. Fora do gaseificador, o gás bruto do produto pode ser limpo utilizando uma variedade de técnicas conhecidas como "processos secundários", alguns dos quais removem apenas um contaminante de cada vez, enquanto outros, como o depurador húmido, podem remover várias impurezas numa única fase. Outras classificações baseadas no espetro de temperatura do processo das tecnologias de limpeza incluem a limpeza a gás frio e a limpeza a gás quente. Os procedimentos de limpeza a quente aumentam a eficiência da gaseificação em 3-4%, uma vez que se perde energia quando o gás de produção é arrefecido. O alcatrão sofre uma reação de reforma ou de craqueamento com catalisadores específicos a determinadas temperaturas, resultando num produto gasoso. Os compostos de enxofre, álcalis, halogenetos e amoníaco são solúveis em água, pelo que podem ser removidos com a ajuda de um purificador húmido (Din & Zainal, 2016).

2.6 Aplicação do gás de produção

O gás de produção é um produto flexível devido à sua vasta gama de aplicações. Pode ser utilizado como combustível em motores SI e CI. Estes gases de produção podem ser fermentados para produzir combustíveis líquidos como o metanol e o etanol, entre outros. Numa célula de combustível, o gás de produção pode ser utilizado para gerar energia e potência. A energia química de um combustível é convertida em eletricidade, vapor de água e calor residual numa célula de combustível. Uma vez que as células de combustível são sistemas de conversão de energia numa só etapa (química para eléctrica), são muito mais eficientes do que os tradicionais processos termo-mecânicos de várias etapas. Um ânodo (combustível catalítico), um cátodo (oxidante catalítico) e um eletrólito são os três componentes principais de uma célula de combustível (evita que os eléctrodos entrem em contacto eletrónico) (Din & Zainal, 2016).

A produção direta de energia eléctrica e a aplicação de calor térmico são possíveis com o gás de produção produzido a partir de matéria-prima misturada num sistema de gaseificação de jato descendente. (Dhaka et. al., 2022).

2.7 Conclusões retiradas da análise da literatura

Após uma extensa revisão da literatura, estimou-se que a gaseificação da biomassa tem um elevado potencial para substituir os combustíveis fósseis na satisfação das necessidades energéticas (calor e eletricidade) em zonas rurais remotas. Para aplicações em motores de combustão interna, os gaseificadores de biomassa de jato descendente são a melhor escolha entre outros gaseificadores, como os de jato ascendente e de fluxo fluidizado, porque emitem muito pouco alcatrão. Os outros constituintes formados durante o processo de gaseificação são uma combinação de monóxido de carbono, hidrogénio, metano, dióxido de carbono e hidrocarbonetos superiores considerados como gás de produção, que é um combustível alternativo que pode ser utilizado em motores de combustão interna.

Para os motores de ignição por compressão, o gaseificador downdraft pode ser mais adequado. A influência do gás de síntese foi investigada no desempenho e nas emissões do motor diesel. O motor diesel funcionou em modo de combustível duplo a 1200, 2000 e 3000 rpm, respetivamente. O resultado é uma potência inferior devido ao menor valor de aquecimento e densidade do gás de síntese em comparação com o gasóleo convencional. O gás de síntese pode ser utilizado como combustível de substituição para o motor diesel em modo duplo. A percentagem de hidrogénio e de monóxido de carbono no gás de síntese é responsável pela potência, pelo desempenho do motor e pelas emissões. Verifica-se que o gás de síntese com 50-75% de hidrogénio pode proporcionar uma melhor eficiência em modo duplo (santhoshkumar et.al., 2019). Uma aplicação limpa e sem combustão do gás de produção será possível se for dada mais atenção às células de combustível. Ainda assim, é necessária muita investigação para a formulação de sistemas integrados de energia de gaseificadores eficientes, tanto em grandes motores de combustão interna como em células de combustível, respetivamente.

2.8 Objetivo da presente investigação

- Estudo da viabilidade da produção de gás de síntese a partir de resíduos de folhas de Neem (Azadirachta indica) e de biomassa de Ashoka (Saraca asoca) através do processo de gaseificação num gaseificador de fluxo descendente.
- Estudos paramétricos para estimar a composição do gás de produção utilizando a química da gaseificação.

CAPÍTULO 3

CONFIGURAÇÃO E PROCEDIMENTO EXPERIMENTAL

3.1 GENERALIDADES

Este capítulo trata da configuração experimental envolvida na avaliação termoquímica de amostras de biomassa. A instalação consiste num forno tubular para análise de proximidade disponível no laboratório térmico do departamento de engenharia mecânica do Instituto Nacional de Tecnologia. O Elemental Vario EL-III Germany foi utilizado para a análise final na Central Instrumentation Facility do Central Electrochemical Research Institute (CECRI) em Karaikudi. O calorímetro de bomba foi utilizado para a análise do poder calorífico da biomassa disponível no laboratório térmico do departamento de engenharia mecânica do instituto nacional de tecnologia.

3.2 FORNO TUBULAR PARA ANÁLISE PROXIMAL

O forno tubular é um dispositivo de aquecimento elétrico utilizado para a síntese e purificação de substâncias orgânicas e inorgânicas. Tem uma cavidade rodeada por uma bobina de aquecimento envolvida em material cerâmico. As partes principais do forno tubular são o tubo de alumina, a lã de vidro, o mandril de aquecimento, a estrutura exterior e o interrutor de ligar/desligar, o indicador de potência e a unidade de controlo da temperatura. A temperatura do forno tubular pode ser controlada por feedback utilizando a unidade de controlo da temperatura. O forno tubular foi utilizado para determinar o valor percentual de humidade (M.C), matéria volátil (V.M), teor de cinzas e carbono fixo (F.C) disponível na biomassa, que são utilizados para prever a composição do gás através do processo de gaseificação. **A Fig.3.1** mostra a vista fotográfica do forno tubular utilizado para a análise de proximidade. Este forno converte energia eléctrica em energia térmica utilizando uma bobina de aquecimento inserida numa matriz termicamente isolada no interior de uma cavidade cilíndrica. O cadinho cheio de amostra de biomassa foi utilizado para efeitos de aquecimento, sendo diretamente colocado dentro da cavidade cilíndrica no centro do forno tubular. Os materiais mais comuns utilizados nos tubos são o quartzo fundido, a alumina e o pirex. Além disso, o molibdénio e o tungsténio são aplicáveis como material de tubo quando são utilizados materiais corrosivos. Estes fornos também podem ser utilizados para a reação de termólise de substâncias orgânicas.

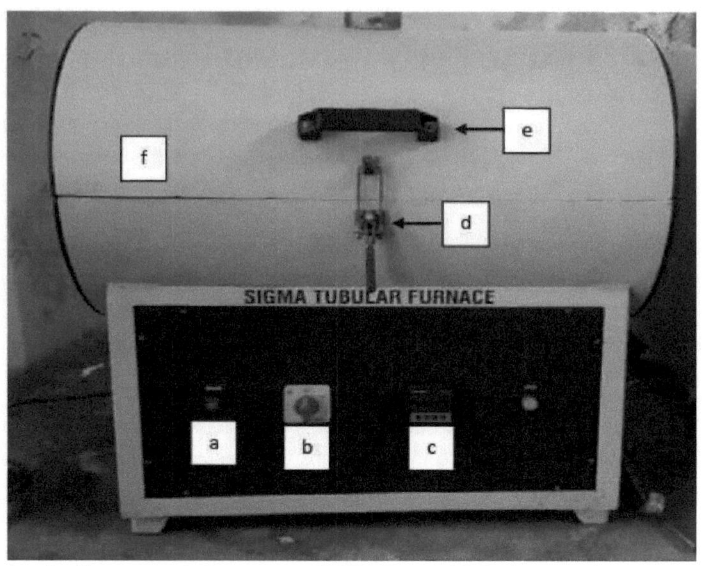

a. Indicador de alimentação b. Interruptor ON/OFF c. Unidade de controlo da temperatura d. Bloqueio da estrutura e. Pega f. Estrutura exterior

Fig. 3.1 Vista fotográfica do forno tubular

3.3 ELEMENTAL VARIO EL- III PARA ANÁLISE FINAL

Para a análise final, foi utilizado o programa Elemental Vario EL-III Germany, na Central Instrumentation Facility do Central Electrochemical Research Institute (CECRI), em Karaikudi. Esta análise fornece a percentagem de carbono (C), hidrogénio (H), azoto (N) e enxofre (S). **A Fig.3.2** mostra a vista fotográfica do equipamento utilizado para a análise final. Os diferentes modos de funcionamento são CHNS, CHN, CNS, CN, N, O e S com deteção por infravermelhos. É adequado para amostras sólidas e líquidas. Além disso, analisa amostras orgânicas e inorgânicas. A calibração multiponto é estável e independente da amostra durante muitos meses. Todos os parâmetros são controlados através do sistema Windows. Todos os resultados são calculados automaticamente e os dados relativos ao estado de funcionamento completo de cada amostra são armazenados. A operação e a manutenção são fáceis e económicas. Além disso, a remoção de cinzas do tubo de combustão é fácil com um longo ciclo de vida de todos os componentes.

Fig. 3.2 Vista fotográfica do Elemental Vario EL-III Alemanha

3.4 CALORÍMETRO DE BOMBA PARA O PODER CALORÍFICO

O calorímetro de bomba foi utilizado para a análise do poder calorífico da biomassa disponível no laboratório térmico do departamento de engenharia mecânica do instituto nacional de tecnologia. A **Fig.3.3** mostra a vista fotográfica do equipamento utilizado para estimar o poder calorífico. Um calorímetro de bomba é um calorímetro de volume constante que é utilizado para medir o calor da reação de combustão. Os calorímetros de bomba têm de sobreviver à elevada pressão no interior do calorímetro enquanto medem a reação. A amostra foi inflamada no interior da bomba, o que aquecerá o ar circundante. A pressão foi mantida a 30 bar utilizando oxigénio. O ar quente aquecerá a água no exterior do tubo. A alteração da temperatura da água permite calcular o poder calorífico da amostra. Os principais componentes do calorímetro de bomba são a unidade de controlo, a bomba de volume constante, o controlador de temperatura e o refrigerador.

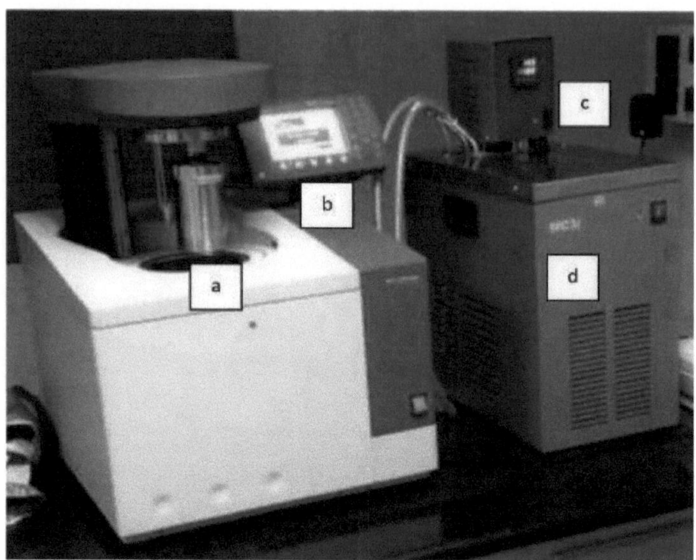

a. Bomba de volume constante b.Unidade de controloc . Controlador de temperatura d. Refrigerador

Fig. 3.3 Vista fotográfica do calorímetro de bomba

3.5 CONCLUSÃO

Este capítulo fornece informação detalhada que inclui a montagem experimental necessária para a avaliação da caraterização termoquímica de biomassas. Este capítulo também fornece os princípios de funcionamento e a respetiva vista fotográfica de todo o equipamento utilizado na montagem experimental.

CAPÍTULO 4

METODOLOGIA EXPERIMENTAL

4.1 GERAL

Este capítulo trata da seleção de matérias-primas de biomassa, da recolha e preparação de matérias-primas de biomassa, da análise físico-química e da determinação de fórmulas empíricas de matérias-primas de biomassa. A análise físico-química consiste na análise proximal, na análise final e na determinação do valor calorífico da biomassa utilizando o forno tubular, o analisador CHNS e o calorímetro de bomba, respetivamente. Este capítulo também fornece um estudo detalhado da análise numérica da química do processo de gaseificação utilizando o MATLAB R2019a. Além disso, este capítulo aborda em pormenor a química da reação geral de gaseificação.

4.2 . RECOLHA E PREPARAÇÃO DE MATÉRIAS-PRIMAS DE BIOMASSA

Para o estudo da gaseificação, foram selecionados resíduos de folhas de Neem (Azadirachta indica) e de Ashoka (Saraca asoca). Em geral, durante a primavera e o verão, estas folhas são abundantes. Estas folhas foram recolhidas nos campus de Tamil Nadu da Universidade de Bharathidasan e do NIT Tiruchirappalli. Para minimizar a humidade, as folhas foram primeiro separadas das partículas de pó e depois secas ao sol durante alguns dias.

(a) (b)(c)

Fig. 4.1 Vista fotográfica de (a) Peneira (1mm); (b) Peneira com folhas de Neem; (c) Peneira com folhas de Ashoka.

Geralmente, as folhas recolhidas no campus do Instituto Nacional de Tecnologia de Tiruchirappalli contêm partículas de poeira e areia que se depositam nas folhas quando estas caem da árvore no solo. Estas partículas de poeira podem ser depositadas no reator, o que pode reduzir o seu desempenho. Além disso, a areia que contém humidade também pode reduzir o desempenho do gaseificador. Por isso, é necessário remover o pó e a areia da amostra antes de a introduzir no reator. Neste caso, as folhas são secas e, em seguida, as partículas de poeira e areia são separadas manualmente com peneiras. **A Fig. 4.1** mostra a vista fotográfica da separação do pó utilizando peneiras de 1 mm. Para tornar estas folhas adequadas para um gaseificador de leito fixo de jato descendente, foram cortadas em pedaços minúsculos, aproximadamente 2-3 mm, utilizando equipamento de corte de relva.

A Fig. 4.2 mostra uma vista fotográfica da recolha e preparação das folhas de Neem e das folhas de Ashoka. Assim, o trabalho principal centrado nesta fase é a seleção da árvore, a recolha das folhas mortas, a purificação destas folhas do pó e das partículas, a secagem e a transformação em pó utilizando um misturador. O pó das folhas de Neem e das folhas de Ashoka é adequado para a análise físico-química. O despejo direto e a incineração a céu aberto desta biomassa podem ter efeitos nocivos para o ambiente, porque libertam metano e gás carbónico, que são responsáveis pelo aquecimento global e pelo efeito de estufa. As razões subjacentes à seleção destas biomassas são a sua fácil disponibilidade, a sua rentabilidade e o facto de serem amigas do ambiente para a sociedade. As razões da utilização das folhas de Neem e Ashoka como biomassa para o presente estudo são a facilidade de disponibilidade, a viabilidade económica e a natureza sustentável.

(a) (b) (c) (d) (e) (f)

Fig. 4.2 Vista fotográfica de (a) árvore de Neem; (b) resíduos de folhas de Neem; (c) folhas de Neem sem pó; (d) pó de folhas de Neem; (e) árvore de Ashoka; (f) resíduos de folhas de Ashoka

4.3 ANÁLISE PROXIMAL DA BIOMASSA

Utilizando um misturador, a amostra obtida foi dividida em partículas minúsculas. No Laboratório Térmico, Departamento de Engenharia Mecânica, NIT Tiruchirappalli, a amostra foi colocada num cadinho e depois pesada como W1. A amostra pesada e o cadinho foram colocados dentro de um forno tubular em condições atmosféricas. Durante 1 hora, a amostra foi aquecida a 105 °C (procedimento normalizado E-871-82). Após o aquecimento, a amostra foi recolhida e pesada como W2 e W5 (peso do cadinho).

Finalmente, a percentagem de humidade (M.C) da amostra foi calculada utilizando a equação

$$\text{Humidade}\ (\%) = \frac{W1 - W2}{W1 - W5} \times 100 \tag{4.1}$$

Após a medição do teor de humidade, a mesma amostra foi utilizada para o ensaio de matérias voláteis. A amostra W2 é colocada num forno tubular, que é então preenchido com gás N2 para criar um ambiente inerte. Durante 7 minutos, a amostra foi aquecida a 925°C. Depois de aquecer a amostra, esta foi arrefecida a 35 °C para simular as condições do ar antes de ser pesada como W3. Finalmente, a percentagem de matéria volátil na amostra foi determinada utilizando a equação (4.2).

$$\text{Matéria volátil } (\%) = \frac{W2 - W3}{W1 - W5} \times 100 \qquad (4.2)$$

Após o cálculo da matéria volátil, a amostra foi utilizada para o ensaio de cinzas. No forno tubular, a amostra ponderada W3 é mantida à pressão atmosférica. A amostra foi aquecida durante 1 hora a 300 °C. Depois de deixar a amostra arrefecer até à temperatura ambiente, o peso foi registado como W4. O teor percentual de cinzas da amostra foi calculado utilizando a equação (4.3).

$$\text{Ash } (\%) = \frac{W4 - W3}{W1 - W5} \times 100 \qquad (4.3)$$

Após o cálculo da matéria volátil, a percentagem de carbono fixo (C.F.) foi calculada utilizando o método da diferença, como indicado na equação (4.4).

$$\text{Carbono fixo } (\%) = 100 - (M.C\,(\%) + V.M(\%) + Ash(\%)) \qquad (4.4)$$

4.4 ANÁLISE FINAL DA BIOMASSA

A análise final foi realizada na Central Instrumentation Facility do Central Electrochemical Research Institute (CECRI), em Karaikudi, utilizando o Elemental Vario ELIII, Alemanha. Esta análise mostra a percentagem de carbono, hidrogénio, azoto e enxofre disponível na biomassa. A percentagem de oxigénio foi estimada pelo método da diferença.

4.5 PODER CALORÍFICO DA BIOMASSA

O poder calorífico foi calculado no Laboratório Térmico do Departamento de Engenharia Mecânica do Instituto Nacional de Tecnologia de Tiruchirappalli, utilizando um calorímetro de bomba. No cadinho, foi colocada uma amostra peletizada de 0,5 mg de biomassa em pó. O cadinho foi mantido dentro de uma bomba. A pressão no interior da bomba foi mantida a 30 bar, utilizando oxigénio gasoso puro. O poder calorífico foi estimado utilizando a diferença de temperatura da água numa bomba depois de a amostra ter sido queimada com fio.

4.6 DERIVAÇÃO DAS FÓRMULAS DE COMBUSTÍVEL DA BIOMASSA

As fórmulas de combustível foram derivadas utilizando a composição percentual do elemento presente na biomassa obtida durante a análise final. A composição percentual de cada elemento foi dividida pelo seu peso atómico, o que dá o número de moles dos respectivos elementos. O número de moles de cada elemento foi dividido pelo número de moles de carbono, o que dá aos combustíveis fórmulas como $CH_aN_bO_c$, explicadas no apêndice. O peso do combustível foi calculado utilizando o peso molecular de cada elemento.

4.7 ESTUDOS NUMÉRICOS DO MODELO DE EQUILÍBRIO

A biomassa pode ser expressa quimicamente sob a forma de $CH_aN_bO_c$, negligenciando elementos adicionais como o enxofre e vestígios de elementos metálicos. Os subscritos a, b e c representam, respetivamente, o número de átomos de hidrogénio (H), azoto (N) e oxigénio (O). Os resultados da análise final podem ser utilizados para determinar a composição de cada elemento. As relações na equação (4.5), que foram encontradas na literatura e são detalhadas no Apêndice, mostram a reação geral de gaseificação com ar como agente oxidante (Barman et al., 2012; Hian et al., 2016; Huang e Ramaswamy, 2009).

$$CH_aN_bO_c + m\,(O_2 + 3.76N_2) + w\,H_2O \rightarrow dCO + eH_2 + f\,CO_2 + g\,CH_4 + h\,H_2O + i\,(char) + j\,N_2 \quad (4.5)$$

Onde, m, w, d, e, f, g, h, i, e j são os coeficientes do componente correspondente. Foram necessárias seis equações para encontrar as seis incógnitas na equação (4.5), que foram desenvolvidas utilizando o equilíbrio elementar e as relações das constantes de equilíbrio. As três primeiras equações, nomeadamente as equações número (4.6), (4.7) e (4.8), são obtidas a partir da reação geral de gaseificação utilizando o balanço de carbono, o balanço de hidrogénio e o balanço de oxigénio, respetivamente.

Balanço de carbono:	$d + f + g + i - 1 = 0$ (4.6)
Equilíbrio de hidrogénio:	$2e + 4g + 2h - 2w - a = 0$ (4.7)
Equilíbrio de oxigénio:	$d + 2f + h - c - w - 2m = 0$ (4.8)

O equilíbrio da reação de reforma do metano, da reação do metano e da reação de transferência de gás da água, que são ilustradas abaixo, foi utilizado para obter as restantes três equações (4.10), (4.13) e (4.16). A equação número (4.9) mostra o equilíbrio da reação de reforma do metano.

$$CH_4 + H_2O \rightarrow CO + 3H_2 \quad (4.9)$$

$$K_1 \times (X_{CH_4} \times X_{H_2O}) = X_{CO} \times (X_{H_2})^3 \quad (4.10)$$

Em que X representa a fração molar correspondente de cada espécie.

$$K_1 = 1.198 \times 10^{13} \times \exp^{\left(-\frac{26830}{T}\right)} \quad (4.11)$$

A equação número (4.12) mostra o equilíbrio da reação do metano.

$$C + 2H_2 \rightarrow CH_4 \quad (4.12)$$

$$K_2 \times (n_{H_2})^2 = n_{CH_4} \times n_{total} \quad (4.13)$$

Onde n é o número de moles de cada componente. A constante de equilíbrio K2 pode ser calculada utilizando a seguinte equação (4.14) (Zainal et al., 2001).

$$\ln(K_2) = \frac{7082.842}{T} - (6.567) \times \ln T + \frac{(7.467 \times 10^{-3}) \times T}{2} - \frac{2.167 \times 10^{-6}}{6} \times T^2 + \frac{0.702}{2 \times T^2} + 32.541 \quad (4.14)$$

A equação número (4.15) mostra o equilíbrio da reação de transferência de gás da água

$$CO + H_2O \rightarrow CO_2 + H_2 \quad (4.15)$$

$$K_3 \times n_{CO} \times n_{H_2O} = n_{CO_2} \times n_{H_2} \quad (4.16)$$

Onde n é o número de moles de cada componente. A constante de equilíbrio K3 pode ser calculada utilizando a seguinte equação (4.17) (Pedroso et al., 2005).

$$K_3 = \exp^{\{\left(\frac{4276}{T}\right) - 3.961\}} \quad (4.17)$$

Combinando a equação (4.5) com (4.10), (4.13) e (4.16), obtêm-se três novas equações, expressas da seguinte forma

$$K_1 \times g \times h \times (d+e+f+g+h+i+j)^2 = d \times e^3 \quad (4.18)$$

$$K_2 \times e^2 = g \times (d+e+f+g+h+i+j) \quad (4.19)$$

$$K_3 \times d \times h = e \times f \quad (4.20)$$

Ao selecionar uma relação de equivalência, a equação estequiométrica é utilizada para calcular a massa de ar (m) necessária para a gaseificação. O E.R compara a quantidade de ar fornecida para a gaseificação com a quantidade necessária para a combustão completa, comparando a relação ar-combustível real com a relação ar-combustível estequiométrica. Pode ser representado matematicamente através da equação (4.21) (Basu, 2010).

Razão de equivalência (E. R) = ar real/ar estequiométrico (4.21)

O E.R deve ser inferior a 1 para a gaseificação e igual ou superior a 1 para a combustão. As equações (4.5), (4.6), (4.7), (4.18), (4.19) e (4.20) são utilizadas neste trabalho para calcular o número de moles de cada gás presente no gás de produção ao gaseificar um mol de biomassa utilizando o MATLAB.

4.8 ANÁLISE DA COMPOSIÇÃO DO GÁS

Os resultados da análise final foram utilizados para determinar a fórmula empírica das folhas de Neem (Azadirachta indica) e Ashoka (Saraca asoca), que foram representadas como $CH1.775N0.057O0._{33}$ e $CH1.785N0.054O0._{305}$, respetivamente. Depois de encontrar a fórmula empírica, a sua composição gasosa será determinada através da resolução da reação geral de gaseificação utilizando o MATLAB R2019a. Quando a biomassa é gaseificada, passa por uma série de reacções químicas que geram gás de produção, que é composto por vários gases, tais como monóxido de carbono (CO), hidrogénio (H_2), dióxido de carbono (CO_2), metano (CH_4), vapor (H_2O) e azoto (N_2). As séries de reacções químicas são a reação do carbono (reação de bourderização e de hidrogaseificação), a reação de oxidação, a reação de deslocação, a reação de metanação e a reação de reforma a vapor. A composição do gás de produção depende de certos parâmetros, como a razão de equivalência (E.R) e a temperatura (T). As equações (4.5), (4.6), (4.7), (4.18), (4.19) e (4.20) são utilizadas para determinar os coeficientes d, e, f, g, h, i e j. Estes coeficientes representam o número de moles de monóxido de carbono (CO), hidrogénio (H_2), dióxido de carbono (CO_2), metano (CH_4), vapor (H_2O), carvão e azoto (N_2), respetivamente. O volume ocupado por 1 kmol de um gás qualquer no PNT (temperatura = 0 °C, pressão = 1 atm) é 22,4 m^3 , que pode ser utilizado para determinar a fração volumétrica de gás. O volume total de uma mistura gasosa pode ser calculado somando todos os ingredientes gasosos (Basu, 2010). É expresso matematicamente pela equação (4.22).

$$V = \sum (\text{Number of moles } n_i \times 22.4) \quad (4.22)$$

Número de moles ɯ x 22,4)

Onde n_i representa o número de moles de cada componente. A fração volúmica é a proporção do volume de cada constituinte em relação ao volume total da mistura. É expressa matematicamente pela equação (4.23).

$$Y = \frac{V_i}{\sum V_i} \quad (4.23)$$

Em que Y e V_i representam a fração volumétrica e o volume de cada componente, respetivamente.

4.9 CONCLUSÃO

Este capítulo fornece informações pormenorizadas sobre a metodologia experimental para a gaseificação da biomassa. Consiste na seleção, preparação, análise proximal e análise final. Este capítulo também trata da estimativa do poder calorífico e das fórmulas químicas da biomassa, respetivamente. Além disso, dá uma visão geral da análise de equilíbrio da química da gaseificação. A química da reação de gaseificação baseia-se num modelo de equilíbrio que é utilizado para a análise de estudos paramétricos da biomassa para o processo de gaseificação. O modelo de equilíbrio utilizado neste capítulo baseia-se numa constante de equilíbrio que se baseia principalmente na temperatura do processo de gaseificação. O capítulo seguinte trata dos resultados e discussões relativos à investigação experimental e numérica da biomassa para o modelo de gaseificação downdraft.

RESULTADOS E DISCUSSÃO 5.1 GENERALIDADES

Este capítulo centrou-se principalmente na representação gráfica dos resultados obtidos durante a análise da biomassa. Mostra as comparações de diferentes biomassas com base na sua análise físico-química. Este capítulo também mostra a previsão do poder calorífico da biomassa utilizando os resultados da análise proximal e final. Este capítulo também apresenta a variação do rendimento de gás com alterações em determinados parâmetros, como o rácio de equivalência (E.R) e a temperatura.

5.2 COMPARAÇÕES DA ANÁLISE PROXIMAL COM BASE NA BIOMASSA

A análise proximal da biomassa mostra a presença de teores de humidade (M.C), matéria volátil (V.M), carbono fixo (F.C) e cinzas. Neste estudo, foram selecionadas duas amostras diferentes, nomeadamente folhas de Neem (Azadirachta indica) e de Ashoka (Saraca asoca), que foram preparadas para a análise proximal. A análise proximal dos resíduos de folhas de Neem e de folhas de Ashoka é apresentada no **Quadro 5.1**. A análise foi comparada com os resultados disponíveis na literatura sobre a casca de arroz e concluiu-se que estas biomassas são também uma fonte adequada (Andrew et.al., 2015). **A Fig. 5.1.** mostra a representação gráfica da análise proximal da biomassa com o eixo horizontal como constituintes e o eixo vertical como valor percentual, respetivamente. Os resultados foram comparados com a casca de arroz disponível na literatura e verificou-se que os valores são aproximadamente próximos para as folhas de Neem e Ashoka.

Quadro 5.1 Comparações da análise proximal da biomassa

Biomassa	M.C (% em peso)	V.M (% em peso)	F.C (% em peso)	Cinzas (% em peso)
Folhas de neem	12.10	60.58	9.31	18.00
Ashoka sai	6.92	67.92	6.89	18.27
Casca de arroz	12.67	68.20	15.70	16.10

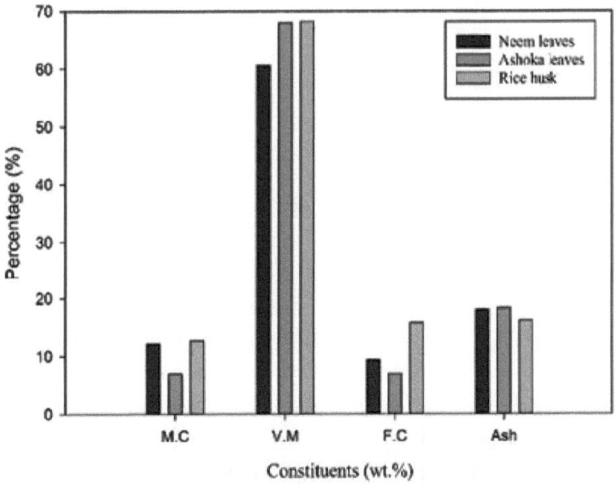

Fig. 5.1. Comparações da análise proximal da biomassa.

5.3 COMPARAÇÕES BASEADAS NA ANÁLISE FINAL DA BIOMASSA

Após a análise proximal, as amostras foram enviadas para análise final. A análise final fornece a percentagem de carbono, hidrogénio, azoto, enxofre e oxigénio, respetivamente, na biomassa. Ambas as amostras têm uma composição elementar diferente que foi analisada na análise final. Os resultados do Neem e do Ashoka foram comparados com os resultados da casca de arroz e verificou-se que estas amostras também são consideradas fontes adequadas de matéria-prima de biomassa. A análise final das folhas de Neem e das folhas de Ashoka é apresentada no **Quadro 5.2**. Além disso, **o Quadro 5.2** mostra as comparações da composição elementar de ambas as amostras com a casca de arroz. A partir do **Quadro 5.2**, é evidente que a biomassa tem um teor de enxofre mais baixo. Assim, a biomassa emitirá menos gases nocivos em comparação com os combustíveis fósseis. A partir destas amostras, verificou-se que as folhas de Ashoka têm um teor de carbono mais elevado. **A Fig. 5.2** mostra a representação gráfica da análise final das amostras. O eixo horizontal representa o nome dos elementos presentes na biomassa e o eixo vertical representa o valor percentual dos elementos na biomassa.

Quadro 5.2 Comparações da análise final da biomassa

Biomassa	Carbono (wt.%)	Hidrogénio (% em peso)	Azoto (% em peso)	Enxofre (wt.%)	Oxigénio (wt.%)
Folhas de neem	41.99	6.26	2.82	0.31	48.61
Ashoka sai	46.08	6.91	2.88	0.20	43.80
Casca de arroz	45.20	5.80	1.02	0.21	47.60

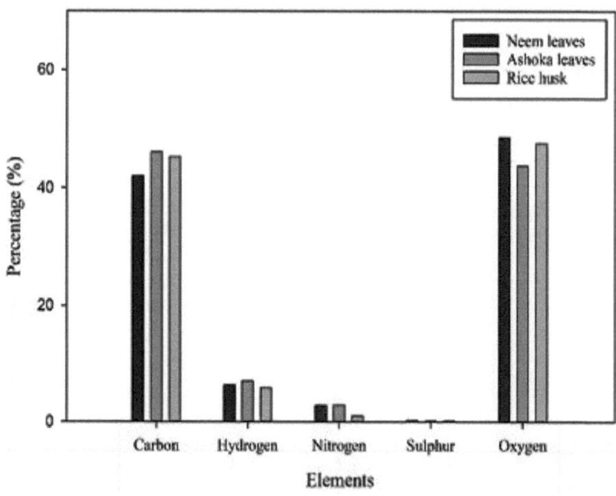

Fig. 5.2. Comparações da análise final da biomassa

5.4 ESTIMATIVA E PREVISÃO DO PODER CALORÍFICO DA BIOMASSA

O valor calorífico pode ser utilizado para determinar a quantidade de energia disponível na matéria-prima de biomassa. O valor calorífico é determinado utilizando um calorímetro, é a quantidade de calor criada pela queima de um quilograma de biomassa. A amostra de folhas de Neem e de folhas de Ashoka foi testada num calorímetro de bomba. O poder calorífico foi medido em megajoules por kg.

A comparação do valor calorífico dos resíduos das folhas de Neem e das folhas de Ashoka com a casca de arroz é apresentada no **Quadro 5.3**. O valor obtido foi de aproximadamente 16,85 MJ/kg e 19,32 MJ/kg para as folhas de nim e as folhas de Ashoka, respetivamente, o que provou ser a melhor escolha em comparação com a casca de arroz (Ernst et al., 2018; Mazhkoo et al., 2021). Os resultados de Neem e Ashoka são comparados com a casca de arroz devido às razões acima mencionadas. As propriedades físico-químicas das folhas de Neem e Ashoka são semelhantes às da casca de arroz. O teor de humidade, a matéria volátil, o carbono fixo e o teor de cinzas das folhas de nim são 0,57% inferiores, 7,62% inferiores, 6,39% inferiores e 1,9% superiores aos da casca de arroz, respetivamente. O teor de humidade, matéria volátil, carbono fixo e cinzas das folhas de Ashoka é inferior em 5,75%, inferior em 0,28%, inferior em 8,81% e superior em 2,17% ao da casca de arroz, respetivamente. O carbono e o hidrogénio das folhas de Neem são 3,21% inferiores e 0,46% superiores aos da casca de arroz, respetivamente. O carbono e o hidrogénio das folhas de Neem são 0,88% inferiores e 1,11% superiores aos da casca de arroz, respetivamente. O valor calorífico das folhas de Neem e Ashoka é 1,67 MJ/kg e 4,14 MJ/kg superior ao da casca de arroz, respetivamente. Neste caso, a casca de arroz foi considerada apenas para efeitos de referência. **A Fig.5.3** mostra a representação gráfica do valor calorífico experimental da biomassa. O eixo horizontal representa a biomassa e o eixo vertical representa o poder calorífico em MJ/kg.

Quadro 5.3 Resultados experimentais do poder calorífico da biomassa

Biomassa	Poder calorífico (MJ/kg)
Folhas de neem	16.85
Ashoka sai	19.32
Casca de arroz	15.18

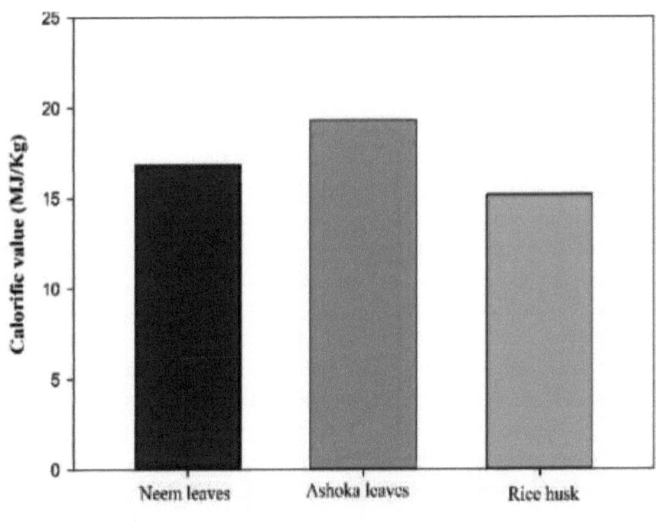

Fig. 5.3. Resultados experimentais do poder calorífico da biomassa.

5.4.1 Previsão do valor calorífico com base na análise proximal.

Os resultados da análise proximal podem ser utilizados para determinar o valor calorífico da biomassa. Na literatura, existem muitas correlações disponíveis, que são apresentadas no **Quadro 5.4.** e que são utilizadas para determinar o poder calorífico das folhas de Neem e Ashoka. O limite inferior do poder calorífico previsto para as folhas de Neem e Ashoka é de 11,08 e 12,62 MJ/kg, respetivamente. O limite superior do valor calorífico previsto para as folhas de Neem e Ashoka é de 15,94 e 15,95 MJ/kg, respetivamente.

Quadro 5.4 Previsão do poder calorífico através da análise proximal

Número de série	Correlação	Poder calorífico (MJ/kg)		Referência
		Neem	Ashoka	
1.	HHV=0.3133x(V.M%+F.C%)-10.81408	11.08	12.62	(Jimënez e Gonzalez, 1991)
2.	HHV= 19,914 - 0,2324 x (Cinzas%)	15.73	15.66	(Sheng e Azevedo, 2005)
3.	HHV= 14,119+0,196 x (F.C%)	15.94	15.46	(Demirba§, 1997)
4.	HHV= 0,1534 x (V.M%) + 0,312 x (F.C%)	12.19	12.56	(Demirba§, 1997)
5.	HHV= 0,3543 x (F.C%) +0,1708 x (V.M%)	13.64	14.04	(Cordero et al., 2001)
6.	HHV = 0,2218 x (V.M%) + 0,2601 x (F.C%) - 3,0368	12.82	13.81	(Sheng e Azevedo, 2005)
7.	HHV= 22,3148 - 0,1136 x (F.C%) -0,3983 x (Ash%)	14.08	14.25	(Ozyuguran e Yaman, 2017)
8.	HHV = 18,297 - 0,4128 x (Ash%) + 35,8/(FC%)	14.71	15.95	(Ozyuguran e Yaman, 2017)
9.	HHV = 0,1905 x (V.M%) + 0,2521 x (F.C%)	13.88	14.67	(Ozyuguran e Yaman, 2017)

5.4.2 Previsão do poder calorífico com base na análise final

Os resultados da análise final podem ser utilizados para determinar o valor calorífico da biomassa. Na literatura, existem muitas correlações disponíveis, que são apresentadas no **Quadro 5.5.** e utilizadas para determinar o poder calorífico das folhas de Neem e Ashoka, respetivamente. Os dados da análise final mostram claramente que as folhas de Ashoka têm um valor calorífico elevado em comparação com as folhas de Neem. Para as folhas de Neem, o limite inferior do valor calorífico é de 15,07 MJ/Kg e o limite superior é de 18,91 MJ/Kg, enquanto para as folhas de Ashoka o valor calorífico se situa entre 18,10 e 20,96 MJ/Kg, respetivamente. A tabela 5.4 e 5.5 contém o valor calorífico previsto avaliado utilizando os dados da análise proximal e da análise final do presente estudo. O valor obtido nos estudos experimentais actuais é apresentado no quadro 5.3.

Quadro 5.5 Previsão do poder calorífico através da análise final

SI.NO	Correlação	Poder calorífico (MJ/Kg)		Referência
		Neem	Ashoka	
1	HHV = 0,301 x (C%) + 0,525 x (H%)	18.27	19.53	(Jenkins e

	+ 0,064 x (O%) - 0,763			Ebeling, 1985)
2	HHV= 0,335 x (C%) + 1,423 x (H%) - 0,154 x (O%) - 0,145 x (N%)	15.07	18.10	(Demirba§, 1997)
3	HHV = 0,3491 x (C%) + 1,1783 x (H%) + 0,1005 x (S%) - 0,1034 x (O%) -0,0151 x (N%) - 0,0211 x (Ash%)	16.61	19.29	(Channiwala e Parikh, 2002)
4	HHV = 0,4373 x (C%) - 1,6701	16.69	18.48	(Sheng e Azevedo, 2005)
5	HHV = 0,3259 x (C%) + 3,4679	17.15	18.48	(Sheng e Azevedo, 2005)
6	HHV = 0,3516 x (C%) + 1,1625 x (H%) - 0,1109 x (O%) + 0,0628 x (N%) + 0,10465 x (S%)	16.85	19.57	(Sheng e Azevedo, 2005)
7	HHV = 0,341x (C%) + 1,322 x (H%) - 0,12 x (O%) -0,12 x (N%) + 0,0686 x (S%) - 0,0153 x (Ash%)	16.16	18.98	(Sheng e Azevedo, 2005)
8	HHV = 0,4840 x (C%) - 4,1307	16.19	18.17	(Boumanchar et al., 2019)
9	HHV = 3,154x (H%) -0,8268	18.91	20.96	(Boumanchar et al., 2019)

5.5 ANÁLISE DE ERROS DOS PARÂMETROS DE GASEIFICAÇÃO

O erro do valor calorífico para as folhas de Neem e Ashoka foi analisado utilizando o valor experimental determinado pelo calorímetro de Bomba e o valor previsto utilizando a correlação baseada nos resultados da análise final e proximal. Aqui, o erro absoluto médio (MAE) e a raiz do erro quadrático médio (RMSE) foram analisados utilizando as equações 5.1 e 5.2, respetivamente. **A Tabela 5.6** mostra o erro para o valor calorífico da biomassa. A partir do quadro 5.6, é evidente que o erro médio absoluto (MAE) e o valor da raiz do erro quadrático médio são melhores no caso da base final e mais fracos no caso da base próxima.

$$MAE = \frac{1}{n} \sum_{i=1}^{n} (Y_{experimental} - Y_{pridicted}) \quad (5.1)$$

$$RMSE = \sqrt{\frac{1}{n} \sum_{i=1}^{n} (Y_{experimental} - Y_{pridicted})^2} \quad (5.2)$$

Em que $Y_{experimental}$ e $Y_{previsto}$ representam o poder calorífico experimental e previsto, respetivamente.

Tabela 5.6 Análise de erros dos parâmetros de gaseificação

Biomassa	Base	MAE	RMSE
Folhas de neem	Análise aproximada	3.06	3.41
	Análise final	0.82	1.09
Ashoka sai	Análise aproximada	4.65	4.76
	Análise final	0.72	0.89

5.6 ANÁLISE NUMÉRICA DO MODELO DE EQUILÍBRIO

A análise numérica é efectuada utilizando a equação de equilíbrio do processo de gaseificação. O MATLAB é utilizado para o cálculo de todas as equações mencionadas no Capítulo 4. Uma mole de folhas de Neem e de folhas de Ashoka foi gaseificada com diferentes parâmetros para obter os vários gases, nomeadamente dióxido de carbono, monóxido de carbono, vapor, metano, hidrogénio, carvão e azoto. A equação 4.5 representa o processo geral de gaseificação que produz estes gases em diferentes proporções, dependendo da temperatura, da razão de equivalência, do teor de humidade e do tipo de agente oxidante. A equação que ajuda a determinar os coeficientes de vários substitutos gasosos é, nomeadamente, o balanço de carbono, o balanço de hidrogénio, o balanço de oxigénio, a reação de transferência de gás de água, a reação de reforma do metano e a reação do metano. **A Tabela 5.**7 representa o valor dos coeficientes dos vários constituintes dos gases obtidos através da resolução da reação geral de gaseificação das folhas de Neem ($CH_{1.775}N_{0.057}O_{0.33}$) utilizando o MATLAB R2019a. A partir da solução da equação geral da reação de gaseificação, os coeficientes obtidos são d, e, f, g, h, i, e j para o monóxido de carbono, hidrogénio, dióxido de carbono, metano, vapor e azoto, respetivamente, a diferentes temperaturas de gaseificação com variação de ER para a biomassa das folhas de Neem.

Tabela 5.7 Coeficientes de vários constituintes de gases em folhas de Neem ($CH_{1.775}N_{0.057}O_{0.33}$)

Rácio de equivalência (ER)	Temperatura (K) / Coeficientes	750	850	950	1050	1150
0.2	d	0.0362	0.1878	0.5278	0.8266	0.9327
	e	0.3377	0.5887	0.8009	0.9273	0.9779
	f	0.2568	0.2543	0.1533	0.0477	0.0112
	g	0.1248	0.0726	0.0355	0.0162	0.0073
	h	0.4202	0.2736	0.1356	0.0479	0.0150
	i	0.5822	0.4853	0.2833	0.1095	0.0488
	j	1.0061	1.0061	1.0061	1.0061	1.0061
0.25	d	0.0412	0.2112	0.5918	0.9282	0.0001
	e	0.3382	0.5889	0.8007	0.9275	0.0014
	f	0.3047	0.2972	0.1787	0.0559	0.0419
	g	0.1150	0.0671	0.0329	0.0150	0.0000
	h	0.4394	0.2844	0.1409	0.0500	1.0061
	i	0.5391	0.4244	0.1966	0.0009	0.9580
	j	1.2317	1.2317	1.2317	1.2317	1.2317
0.33	d	0.0494	0.0000	0.0001	0.0001	0.0003
	e	0.3385	0.0004	0.0008	0.0010	0.0014
	f	0.3874	0.1414	0.1416	0.1417	0.1418
	g	0.1016	0.0000	0.0000	0.0000	0.0000
	h	0.4657	1.0071	1.0067	1.0065	1.0061
	i	0.4616	0.8585	0.8583	0.8582	0.8579
	j	1.6077	1.6077	1.6077	1.6077	1.6077
0.5	d	0.0676	0.3356	0.0001	0.0003	0.0005
	e	0.3383	0.5889	0.0005	0.0010	0.0011

	f	0.5775	0.5359	0.3614	0.3616	0.3615
	g	0.0809	0.0480	0.0000	0.0000	0.0000
	h	0.5074	0.3227	1.0070	1.0065	1.0064
	i	0.2740	0.0806	0.6385	0.6381	0.6380
	j	2.4349	2.4349	2.4349	2.4349	2.4349
0.67	d	0.0849	0.0001	0.0002	0.0005	0.0008
	e	0.3377	0.0003	0.0005	0.0010	0.0010
	f	0.7654	0.5714	0.5714	0.5715	0.5714
	g	0.0677	0.0000	0.0000	0.0000	0.0000
	h	0.5344	1.072	1.0070	1.0065	1.0065
	i	0.0820	0.4285	0.4284	0.4280	0.4278
	j	3.2715	3.2715	3.2715	3.2715	3.2715

A Tabela 5.8 representa o valor dos coeficientes de vários constituintes obtidos através da resolução da reação geral de gaseificação das folhas de Ashoka ($CH_{1.785}N_{0.054}O_{0.305}$) utilizando o MATLAB R2019a. A partir da solução da equação geral da reação de gaseificação, os coeficientes obtidos são d, e, f, g, h, i, e j para o monóxido de carbono, hidrogénio, dióxido de carbono, metano, vapor e azoto, respetivamente, a diferentes temperaturas de gaseificação com variação de ER para a biomassa das folhas de Ashoka.

Tabela 5.8 Coeficientes de vários constituintes de gases em folhas de Ashoka ($CH_{1.785}N_{0.054}O_{0.305}$)

Rácio de equivalência (ER)	Temperatura (K) Coeficientes	750	850	950	1050	1150
0.2	d	0.0342	0.1773	0.4942	0.7651	0.8588
	e	0.3288	0.5696	0.7705	0.8881	0.9345
	f	0.2325	0.2302	0.1366	0.0416	0.0097
	g	0.1202	0.0691	0.0334	0.0151	0.0068
	h	0.3924	0.2538	0.1241	0.0432	0.0134
	i	0.6132	0.5235	0.3358	0.1783	0.1247
	j	0.9999	0.9999	0.9999	0.9999	0.9999
0.25	d	0.0396	0.2027	0.5635	0.8748	0.0000
	e	0.3287	0.5691	0.7698	0.8881	0.0005
	f	0.2837	0.2761	0.1636	0.0502	0.0299
	g	0.1095	0.0632	0.0307	0.0139	0.0000
	h	0.4138	0.2660	0.1302	0.0456	0.9610
	i	0.5672	0.4580	0.2422	0.0611	0.9701
	j	1.2429	1.2429	1.2429	1.2429	1.2429
0.33	d	0.0482	0.2432	0.6740	0.0001	0.0002
	e	0.3283	0.5683	0.7689	0.0010	0.0011
	f	0.3691	0.3514	0.2078	0.1336	0.1336
	g	0.0958	0.0557	0.0272	0.0000	0.0000
	h	0.4415	0.2818	0.1382	0.9605	0.9604
	i	0.4869	0.3496	0.0910	0.8663	0.8662

	j	1.6321	1.6321	1.6321	1.6321	1.6321
0.5	d	0.0000	0.3289	0.0002	0.0003	0.0005
	e	0.0002	0.5668	0.0008	0.0009	0.0010
	f	0.3532	0.5166	0.3534	0.3534	0.3533
	g	0.0000	0.0446	0.0000	0.0000	0.0000
	h	0.9613	0.3055	0.9607	0.9606	0.9605
	i	0.6468	0.1099	0.6464	0.6463	0.6462
	j	2.4589	2.4589	2.4589	2.4589	2.4589
0.67	d	0.0843	0.0001	0.0002	0.0005	0.0007
	e	0.3256	0.0004	0.0006	0.0009	0.0010
	f	0.7526	0.5693	0.5694	0.5694	0.5693
	g	0.0628	0.0000	0.0000	0.0000	0.0000
	h	0.5103	0.9611	0.9609	0.9606	0.9605
	i	0.1003	0.4306	0.4304	0.4302	0.4300
	j	3.2715	3.2715	3.2715	3.2715	3.2715

As constantes de equilíbrio K_1, K2 e K3 são avaliadas utilizando as equações 4.11, 4.14 e 4.17, respetivamente. **A Tabela 5.9** representa o valor da constante de equilíbrio para diferentes temperaturas.

Tabela 5.9 Constante de equilíbrio para a reação química de gaseificação

Temperatura (K)	K_1	K_2	K_3
750	3.485×10^{-3}	3.025	5.699
850	0.2344	0.601	2.914
950	6.5022	0.163	1.716
1050	95.763	0.056	1.117
1150	883.441	0.023	0.784

5.7 ANÁLISE DA COMPOSIÇÃO DO GÁS

A análise é efectuada para prever a quantidade de diferentes componentes gasosos disponíveis através da gaseificação de uma mole de biomassa. A composição do gás é analisada utilizando os resultados obtidos no MATLAB. O coeficiente molar de cada componente é convertido numa fração de volume percentual utilizando as equações 4.22 e 4.23. A composição percentual de cada componente dependerá da razão de equivalência e da temperatura de gaseificação. A Tabela 5.10 representa o volume percentual de cada componente gasoso. O principal componente gasoso disponível no gás de produção é uma mistura de metano, hidrogénio, monóxido de carbono, dióxido de carbono, azoto e hidrocarbonetos superiores.

Tabela 5.10 Valor previsto da composição do gás (vol. %)

Biomassa	Rácio de equivalência (E.R)	Temperatura (K)	CO	H_2	CO_2	CH_4	H_2O	N_2
Folhas de neem	0.2	750	1.65	15.47	11.77	5.72	19.25	46.11
Ashoka sai	0.2	750	1.62	15.59	11.02	5.7	18.61	47.43
Folhas de neem	0.2	850	7.88	24.70	10.67	3.04	11.48	42.21

Ashoka sai	0.2	850	7.70	24.76	10.00	3.00	11.03	43.47
Folhas de neem	0.2	950	19.84	30.11	5.76	1.33	5.09	37.83
Ashoka sai	0.2	950	19.31	30.11	5.33	1.30	4.85	39.07
Folhas de neem	0.2	1050	28.78	32.28	1.66	0.56	1.66	35.03
Ashoka sai	0.2	1050	27.79	32.25	1.51	0.54	1.56	36.32
Folhas de neem	0.2	1150	31.61	33.14	0.37	0.24	0.50	34.10
Ashoka sai	0.2	1150	30.42	33.10	0.34	0.24	0.47	35.41
Folhas de neem	0.25	750	1.66	13.69	12.33	4.65	17.78	49.86
Ashoka sai	0.25	750	1.63	13.59	11.73	4.52	17.11	51.39
Folhas de neem	0.25	850	7.87	21.96	11.08	2.50	10.60	45.95
Ashoka sai	0.25	850	7.73	21.72	10.53	2.41	10.15	47.43
Folhas de neem	0.25	950	19.88	26.89	6.00	1.10	4.73	41.37
Ashoka sai	0.25	950	19.42	26.53	5.64	1.05	4.48	42.84
Folhas de neem	0.25	1050	28.93	28.90	1.74	0.46	1.55	38.39
Ashoka sai	0.25	1050	28.07	28.50	1.61	0.44	1.46	39.89
Folhas de neem	0.25	1150	0.004	0.06	1.83	0	44.1	53.99
Ashoka sai	0.25	1150	0	0.02	1.33	0	43.01	55.62
Folhas de neem	0.33	750	1.67	11.47	13.13	3.44	15.78	54.49
Ashoka sai	0.33	750	1.65	11.26	12.66	3.28	15.14	55.98
Folhas de neem	0.33	850	0	0.01	5.12	0	36.53	58.32
Ashoka sai	0.33	850	7.76	18.14	11.21	1.77	8.99	42.17
Folhas de neem	0.33	950	0.003	0.029	5.13	0	36.51	58.31
Ashoka sai	0.33	950	21.51	24.54	6.63	0.86	4.00	47.33
Folhas de neem	0.33	1050	0.003	0.03	5.13	0	36.50	58.31
Ashoka sai	0.33	1050	0.003	0.03	4.89	0	35.21	59.84
Folhas de neem	0.33	1150	0.010	0.05	5.14	0	36.48	58.30
Ashoka sai	0.33	1150	0.007	0.04	4.89	0	35.21	59.84
Folhas de neem	0.5	750	1.68	8.44	14.41	2.01	12.66	60.77
Ashoka sai	0.5	750	0	0.005	9.31	0	25.47	65.16
Folhas de	0.5	850	7.86	13.80	12.56	1.12	7.56	57.07

neem						5		
Ashoka sai	0.5	850	7.79	13.42	12.21	1.05	0.072	58.24
Folhas de neem	0.5	950	0.002	0.013	9.5	0	26.47	64.01
Ashoka sai	0.5	950	0.005	0.02	9.36	0	25.45	65.15
Folhas de neem	0.5	1050	0.013	0.026	9.5	0	26.45	64.00
Ashoka sai	0.5	1050	0.007	0.02	9.36	0	25.45	65.15
Folhas de neem	0.5	1150	0.013	0.028	9.5	0	26.45	64.00
Ashoka sai	0.5	1150	0.013	0.026	9.36	0	25.44	65.15
Folhas de neem	0.67	750	1.67	6.67	15.21	1.33	10.55	64.63
Ashoka sai	0.67	750	1.68	6.50	15.03	1.25	10.19	65.33
Folhas de neem	0.67	850	0.002	0.006	11.62	0	21.80	66.55
Ashoka sai	0.67	850	0.002	0.008	11.85	0	20.01	68.12
Folhas de neem	0.67	950	0.004	0.01	11.77	0	20.76	67.44
Ashoka sai	0.67	950	0.004	0.012	11.85	0	20.00	68.11
Folhas de neem	0.67	1050	0.01	0.02	11.77	0	20.74	67.43
Ashoka sai	0.67	1050	0.01	0.018	11.85	0	20.00	68.11
Folhas de neem	0.67	1150	0.01	0.02	11.77	0	20.74	67.43
Ashoka sai	0.67	1150	0.014	0.02	11.85	0	19.99	68.11

A Fig. 5.4 mostra a variação da composição gasosa das folhas de Neem com um rácio de equivalência de 0,2 (E.R). O eixo horizontal representa a temperatura em kelvin (K) e o eixo vertical representa o volume da composição gasosa em percentagem. O volume percentual de monóxido de carbono (CO) varia entre 1,65 e 31,61 para temperaturas entre 750 K e 1150 K. Esta variação mostra que, com o aumento da temperatura a 0,2 ER, o monóxido de carbono aumenta continuamente. O volume percentual de hidrogénio (H_2) varia entre 15,47 e 33,14 a uma temperatura entre 750 K e 1150 K a 0,2 ER. Isto mostra o aumento dos valores de H2 com o aumento da temperatura.

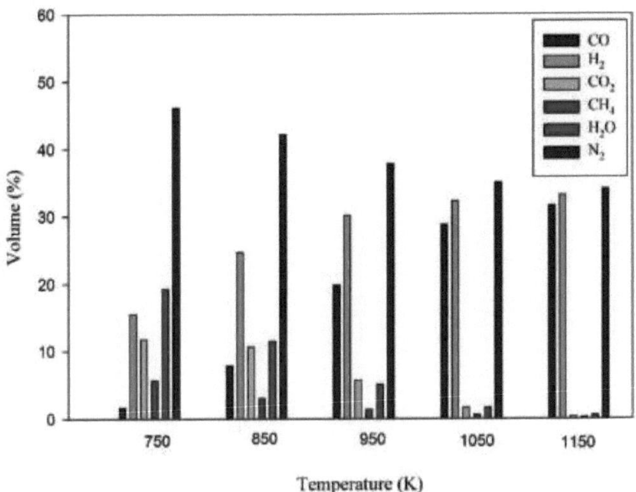

Fig. 5.4. Composição gasosa das folhas de Neem para 0,2 ER

O volume percentual de metano (CH_4) varia entre 5,72 e 0,24 numa gama de temperaturas de 750 K a 1150 K com 0,2 ER. Isto mostra que o metano diminui com o aumento da temperatura a 0,2 ER. A percentagem de volume de dióxido de carbono (CO_2) será de 11,77 para 0,37 entre 750 K e 1150 K. O dióxido de carbono diminuirá continuamente com o aumento da temperatura a 0,2 ER. O volume percentual de vapor (H_2O) também diminui com o aumento da temperatura a 0,2 ER e varia entre 19,25 e 0,50 de 750 K a 1150 K. O volume percentual de azoto (N_2) varia entre 46,11 e 34,10 de 750 K a 1150 K. O valor do azoto diminui com o aumento da temperatura. A partir da **Fig.5.4**, concluiu-se que, para as folhas de Neem, com o aumento da temperatura a 0,2 ER, a química da reação de gaseificação é altamente afetada. A reação de Bourdered e a reação de Hidrogasificação serão dominantes na natureza, enquanto a reação de Metanação perderá a sua existência com o aumento da temperatura.

A percentagem de volume de hidrogénio (H_2) varia de 15,59 para 33,10 entre 750 K e 1150 K a 0,2 ER. A percentagem de volume do metano (CH_4) diminui de 5,7 para 0,24 com o aumento da temperatura de 750 K para 1150 K a 0,2 ER. O volume percentual de dióxido de carbono (CO_2), vapor (H_2O) e azoto (N_2) também diminui com o aumento da temperatura a 0,2 ER. A partir da **Fig.5.5.** previu-se que a química da gaseificação a 0,2 ER para as folhas de Ashoka será altamente afetada. A Bourdered e a Hidrogasificação são dominantes na natureza, enquanto a reação de Metanação se reduz com o aumento da temperatura. Assim, tanto para as folhas de Neem como para as de Ashoka, 0,2 ER com uma temperatura entre 750 K e 1150 K proporcionará um melhor rendimento de Syngas, respetivamente.

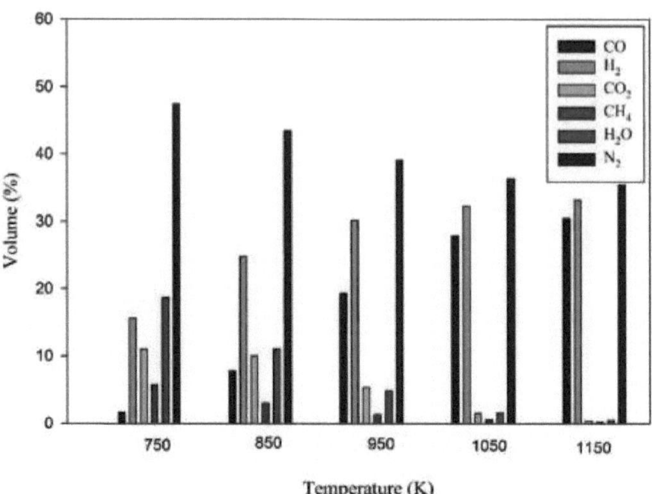

Fig. 5.5. Composição gasosa das folhas de Ashoka para 0,2 ER

A **Fig. 5.6** mostra a variação da composição do gás das folhas de Neem a uma razão de equivalência de 0,25 (E.R). Os eixos horizontal e vertical representam a variação da temperatura (K) e o volume percentual da composição do gás, respetivamente. O volume percentual de monóxido de carbono (CO) situar-se-á entre 1,66 e 28,93 a uma temperatura que varia entre 750 K e 1050 K e 0,004 a 1150 K com uma razão de equivalência de 0,25. O volume percentual de hidrogénio (H_2) varia entre 13,69 e 28,90 para 750 K a 1050 K e 0,06 a 1150 K.

O volume percentual de metano (CH_4) diminui de 4,65 para 0,46 entre 750 K e 1050 K e passa a 0 a 1150 K. O volume percentual de dióxido de carbono (CO_2) diminui de 12,33 para 1,74 entre 750 K e 1050 K e aumenta para 1,83 a 1150 K. O volume percentual de vapor (H_2O) diminui de 17,78 para 1,55 entre 750 K e 1050 K e 44,1 a 1150 K.78 para 1,55 de 750 K a 1050 K e 44,1 a 1150 K. O volume percentual de nitrogénio (N_2) também reduzirá a 1050 K e depois aumentará a 1150 K. Assim, pode deduzir-se que a gaseificação a 0,25 ER 1050 K será o caso limite acima do qual a reação se deslocará para a combustão. Na Fig. **5.6.** prevê-se que a 0,25 ER para as folhas de Neem a reação de Bourdered e de Hidrogasificação é altamente dominante até uma gama de temperaturas de 1050 K, após o que perde a sua existência. Enquanto a reação de metanação diminui a partir de 750 K e aproxima-se de 0 acima de 1050 K.

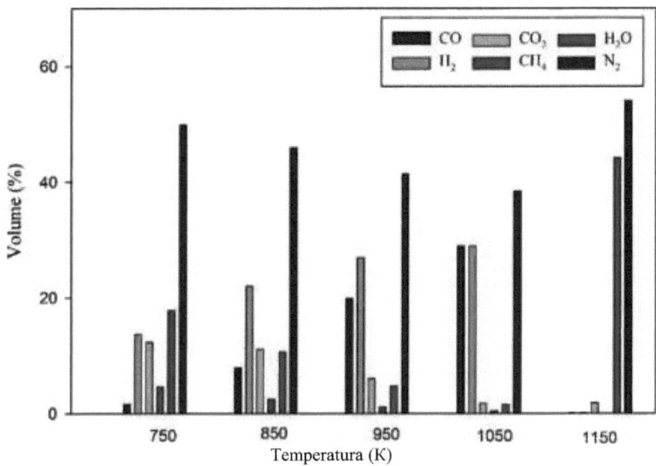

Fig. 5.6. Composição gasosa das folhas de Neem para 0,25 ER

A figura 5.7 mostra a variação da composição do gás das folhas de Ashoka a uma razão de equivalência de 0,25 (E.R). Os eixos horizontal e vertical representam a variação da temperatura (K) e o volume percentual da composição do gás, respetivamente. O volume percentual de monóxido de carbono (CO) varia entre 1,63 e 28,07 entre 750 K e 1050 K e para 1150 K o teor de monóxido de carbono não foi produzido.

O volume percentual de hidrogénio (H_2) varia entre 13,59 e 28,50 entre 750 K e 1050 K e 0,02 a 1150 K. O volume percentual de metano (CH_4) varia entre 4,52 e 0,44 entre 750 K e 1050 K e 0 a 1150 K. O volume percentual de dióxido de carbono (CO_2) varia entre 11,73 e 1.61 a 750 K a 1050 K e 1,33 a 1150 K. O volume percentual de vapor (H_2O) varia entre 17,11 e 1,46 a 750 K a 1050 K e 43,01 a 1150 K. O volume percentual de azoto (N_2) é de 51,39, 47,43, 42,84, 39,89 e 55,62 a 750 K, 850 K, 950 K, 1050 K e 1150 K, respetivamente. Isto mostra que, no caso das folhas de Ashoka, a gaseificação terá lugar entre 750 K e 1050 K com 0,25 ER e, a temperaturas mais elevadas, a reação de gaseificação muda para uma reação de combustão com uma percentagem mais elevada de dióxido de carbono e vapor.

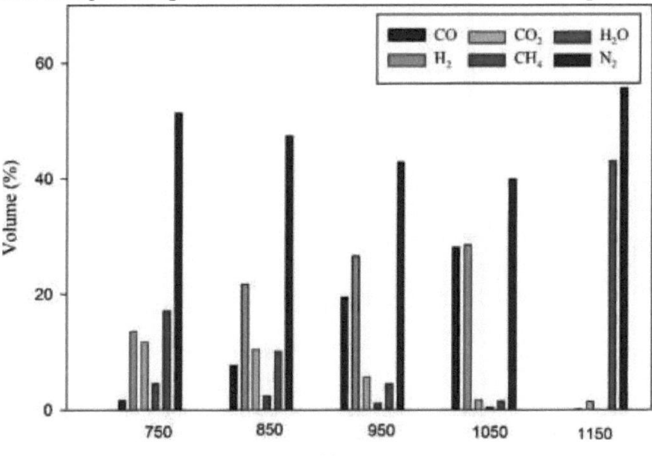

Temperatura (K)

Fig. 5.7. Composição gasosa das folhas de Ashoka para 0,25 ER

Previu-se que o aumento do monóxido de carbono e do hidrogénio domina a reação de Bourdered e de Hidrogasificação até uma temperatura de 1050 K. Enquanto que a reação de metanação diminui a partir de 750 K e aproxima-se de 0 por volta de 1050 K. Assim, concluiu-se que 1050 K com 0,25 ER é o caso limite de gaseificação para as folhas de Neem e Ashoka.

A razão para o aumento do teor de azoto no gás de produção é a utilização de ar diretamente da atmosfera durante o processo de gaseificação. A percentagem de azoto disponível no ar é de cerca de 78% em volume.

A Fig. 5.8 mostra a variação da composição do gás das folhas de Neem com uma razão de equivalência (E.R) de 0,33. Os eixos horizontal e vertical representam a variação da temperatura (K) e o volume percentual da composição do gás, respetivamente. O volume percentual de monóxido de carbono (CO) será de 1,67, 0,00, 0,003, 0,003 e 0,01 a 750 K, 850 K, 950 K, 1050 K e 1150 K, respetivamente. O volume percentual de hidrogénio (H_2) será de 11,47, 0,01, 0,02, 0,03 e 0,05 a 750 K, 850 K, 950 K, 1050 K e 1150 K, respetivamente. O volume percentual de metano (CH_4) será de 3,44, 0,00, 0,00, 0,00 e 0,00 a 750 K, 850 K, 950 K, 1050 K e 1150 K, respetivamente. O volume percentual de dióxido de carbono (CO_2) será de 13,13, 5,12, 5,13, 5,13 e 5,14 a 750 K, 850 K, 950 K, 1050 K e 1150 K, respetivamente. A percentagem de volume de vapor (H_2O) será de 15,78, 36,53, 36,51, 36,50 e 36,48 a 750 K, 850 K, 950 K, 1050 K e 1150 K, respetivamente. O volume percentual de azoto (N_2) será de 54,49, 58,32, 58,31, 58,31 e 58,30 a 750 K, 850 K, 950 K, 1050 K e 1150 K, respetivamente. Estes valores percentuais sugerem que com 0,33 ER e a uma temperatura superior a 850 K a gaseificação não ocorrerá. Uma alta concentração de dióxido de carbono e vapor estará disponível no produto. A partir da **Fig.5.8**, parece que todas as três reacções, nomeadamente a reação de Bourdered, a reação de Hidrogasificação e a reação de Metanação, diminuem com o aumento da temperatura e aproximam-se de 0 por volta de 850 K.

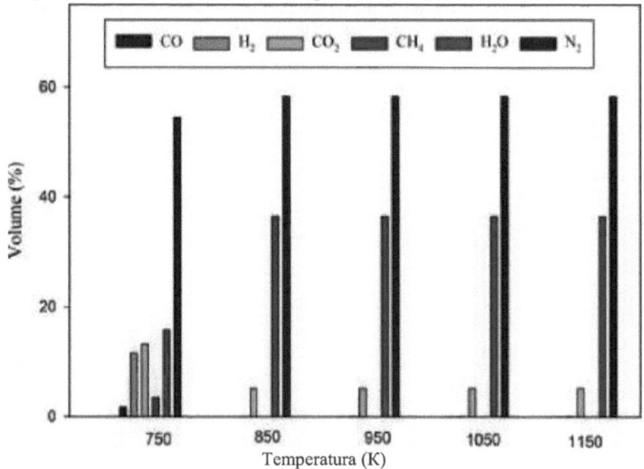

Fig. 5.8. Composição gasosa das folhas de Neem para 0,33 ER

A figura 5.9 mostra a variação da composição do gás das folhas de Ashoka a uma razão de equivalência (E.R) de 0,33. Os eixos horizontal e vertical representam a variação da temperatura (K) e o volume percentual da composição do gás, respetivamente. O volume percentual de monóxido de carbono (CO) será de 1,65, 7,76, 21,51, 0,003 e 0,007 a 750 K, 850 K, 950 K, 1050 K e 1150 K, respetivamente. O volume percentual de hidrogénio (H_2) será de 11,26, 18,14, 24,54, 0,03 e 0,04 a 750 K, 850 K, 950 K, 1050 K e 1150 K, respetivamente. O volume percentual de metano (CH_4) será de 3,28, 1,77, 0,86, 0,00, 0,00 a 750 K, 850 K, 950 K, 1050 K e 1150 K, respetivamente. O volume percentual de dióxido de carbono (CO_2) será de 12,66, 11,21, 6,63, 4,89 e 4,89 a 750 K, 850 K, 950 K, 1050 K e 1150 K, respetivamente. O volume percentual de vapor (H_2O) será de 15,14, 8,99, 4,00, 35,21 e 35,21 a 750 K, 850 K, 950 K, 1050 K e 1150 K, respetivamente. O volume percentual de azoto (N_2) será de 55,98, 42,17, 47,33, 59,84 e 59,84 a 750 K, 850 K, 950 K, 1050 K e 1150 K, respetivamente. Estes valores percentuais sugerem que, com 0,33 ER e a uma temperatura superior a 850 K, a gaseificação não ocorrerá. Uma alta concentração de dióxido de carbono e vapor estará disponível no produto.

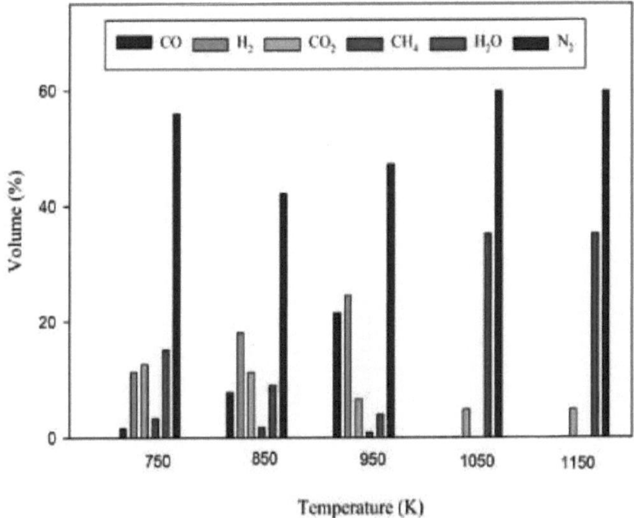

Fig. 5.9. Composição gasosa das folhas de Ashoka para 0,33 ER

Assim, pode dizer-se que, com o aumento da temperatura de gaseificação e com um rácio de equivalência mais elevado, a concentração de gás de síntese no gás de produção será reduzida. A partir da **Fig.5.9**, previu-se que a reação de Bourdered e de hidrogaseificação aumentará primeiro e depois diminuirá por volta de 950 K, aproximando-se de 0 por volta de 1050 K. Assim, pode concluir-se que, para as folhas de Neem, 0,33ER não será adequado para a gaseificação. Mas para as folhas de Ashoka 0,33ER também será adequado até um certo intervalo. Assim, as folhas de Ashoka serão a melhor escolha em comparação com as folhas de Neem.

5.8 CONCLUSÃO

Este capítulo apresenta os resultados e a discussão da previsão numérica da composição do gás extraído das folhas de Neem e das folhas de Ashoka no processo de gaseificação. Este capítulo também apresentou a comparação do valor calorífico experimental de ambas as biomassas com o valor calorífico previsto com base na análise proximal e final. Além disso, este capítulo explica a variação dos gases com a variação da razão de equivalência e da temperatura, respetivamente. O capítulo seguinte trata das conclusões e do âmbito futuro da gaseificação e da viabilidade da biomassa como fonte de bioenergia.

CAPÍTULO 6

CONCLUSÕES E ÂMBITO FUTURO

6.1 GERAL

Este capítulo trata das conclusões que foram retiradas da investigação numérica das folhas de Neem e das folhas de Ashoka para melhorar a sustentabilidade ambiental da biomassa para a produção de gás de produção pelo processo de gaseificação. Este capítulo também apresenta as possibilidades de trabalho futuro no âmbito da presente investigação numérica.

6.2 CONCLUSÕES

A presente investigação fornece fontes de biomassa ecológicas e económicas que têm o potencial de funcionar como matéria-prima para um sistema de gaseificador de jato descendente de leito fixo. O estudo fornece o conhecimento dos parâmetros óptimos para o funcionamento de um sistema de gaseificador de jato descendente. Esta investigação fornece várias conclusões que são resumidas de seguida:

- As folhas de neem e as folhas de Ashoka eram adequadas como matéria-prima para gaseificadores downdraft com fórmulas químicas $CH1.775N0_{.057}\,O0_{.33}$ e $CH1.785N0_{.054}\,O0_{.305}$, respetivamente.
- A análise proximal fornece a percentagem dos teores de humidade, matéria volátil, carbono fixo e cinzas presentes na biomassa. Para as folhas de Neem, verificou-se que era de 12,1%, 60,58%, 9,31% e 18%, respetivamente, e para as folhas de Ashoka era de 6,92%, 67,92%, 6,89% e 18,27%, respetivamente.
- A análise final fornece a composição elementar da biomassa, que consiste em carbono, hidrogénio, azoto, enxofre e oxigénio. Para as folhas de Neem, verificou-se que era de 41,99%, 6,265%, 2,823%, 0,311% e 48,611%, respetivamente, e para as folhas de Ashoka era de cerca de 46,08%, 6,91%, 2,88%, 0,20% e 43,80%, respetivamente.
- O valor calorífico das folhas de Neem e das folhas de Ashoka foi de 16,85 MJ/Kg e 19,32 MJ/Kg, respetivamente.
- O valor calorífico mais elevado sugere que pode ser utilizado como fonte de energia para cozinhar e para a indústria em pequena escala.
- É sustentável e amigo do ambiente, uma vez que tem um teor de enxofre reduzido (ignorável).
- As necessidades humanas podem ser satisfeitas sem prejudicar o ambiente através desta conversão energética, garantindo a segurança energética e a sustentabilidade ambiental.
- A análise mostra que, para a gama de temperaturas de 950 K a 1150 K com uma razão de equivalência de 0,2 para as folhas de neem e Ashoka, o rendimento de monóxido de carbono (CO), hidrogénio (H_2) e metano (CH_4) varia entre 19,31 e 31,61%, 30,11 e 33,14% e 1,33 e 0,24%, respetivamente.
- Além disso, a análise mostra que, para a gama de temperaturas de 950 K a 1050 K com uma razão de equivalência de 0,25 para as folhas de neem e Ashoka, o rendimento de monóxido de carbono (CO), hidrogénio (H_2) e metano (CH_4) varia entre 19,42 e 28,93%, 26,53 e 28,9% e 1,10 e 0,44%, respetivamente.
- À medida que a razão de equivalência aumenta, a reação passa da gaseificação para a combustão completa, onde o gás de produção contém principalmente valores elevados de dióxido de carbono (CO_2) e vapor (H_2O).

REFERÊNCIAS

Ahmad, A. A., Zawawi, N. A., Kasim, F. H., Inayat, A., e Khasri, A. (2016). Avaliação do desempenho da gaseificação da biomassa: Uma revisão das condições do processo de gaseificação da biomassa, otimização e avaliação económica. *Renewable and Sustainable Energy Reviews*, **53**, 1333-1347.

Ahrenfeldt, J. (2012). *Manual de gaseificação de biomassa*. H. Knoef (Ed.). Enschede: Grupo de tecnologia de biomassa BTG.

Andrew, N. E., e Gbabo, A. (2015). A análise física, proximal e final dos briquetes de casca de arroz produzidos a partir de uma máquina vibratória de briquetagem de moldes de blocos.

Arthur, J. R. (1951). Reacções entre o carbono e o oxigénio. *Transacções da Sociedade Faraday*, **47**, 164-178.

Barman, N. S., Ghosh, S., e De, S. (2012). Gasificação de biomassa num gaseificador de leito fixo downdraft - um modelo realista que inclui alcatrão. *Bioresource technology*, **107**, 505511.

Basu, P. (2010). *Biomass gasification and pyrolysis: practical design and theory*. Imprensa académica.

Bottino, A., Comite, A., Capannelli, G., Di Felice, R., e Pinacci, P. (2006). Reforma a vapor do metano em reactores de membrana de equilíbrio para integração em ciclos de potência. *Catalysis today*, **118**(1-2), 214-222.

Boumanchar, I., Chhiti, Y., M'hamdi Alaoui, F. E., Sahibed-Dine, A., Bentiss, F., Jama, C., e Bensitel, M. (2019). Previsão do valor de aquecimento mais alto dos resíduos sólidos municipais a partir da análise final usando técnicas de regressão múltipla e programação genética. *Gestão e Investigação de Resíduos*, **37**(6), 578-589.

Brandt, P., Larsen, E., e Henriksen, U. (2000). Alta redução de alcatrão num gaseificador de duas fases. *Energy & Fuels*, ***14*(4)**, 816-819.

Cai, J., He, Y., Yu, X., Banks, S. W., Yang, Y., Zhang, X., ... e Bridgwater, A.
V. (2017). Revisão das propriedades físico-químicas e caraterização analítica da biomassa lignocelulósica. *Revisões de energia renovável e sustentável*, **76**, 309-322.

Cao, Y., Wang, Y., Riley, J. T., e Pan, W. P. (2006). A novel biomass air gasification process for producing tar-free higher heating value fuel gas. *Fuel processing technology*, **87(4)**, 343-353.

Channiwala, S. A., e Parikh, P. P. (2002). A unified correlation for estimating HHV of solid, liquid and gaseous fuels (Uma correlação unificada para estimar o HHV de combustíveis sólidos, líquidos e gasosos). *Fuel*, **81**(8), 1051-1063.

Ciubota-Rosie, C., Gavrilescu, M., e Macoveanu, M. (2008). Biomassa - Uma importante fonte de energia renovável na Roménia. *Revista de Engenharia e Gestão Ambiental (EEMJ)*, **7(5)**.

Corella, J., e Sanz, A. (2005). Modelação de gaseificadores de biomassa de leito fluidizado circulante. Um modelo pseudo-rigoroso para o estado estacionário. *Tecnologia de Processamento de Combustível*, **86(9)**, 1021-1053.

Corella, J., Toledo, J. M., e Molina, G. (2006). Cálculo das condições para obter menos de 2 g alcatrão/mn3 num gaseificador de biomassa de leito fluidizado. *Fuel processing technology*, **87(9)**, 841-846.

Cordero, T., Marquez, F., Rodriguez-Mirasol, J., e Rodriguez, J. J. (2001). Predicting heating values of lignocellulosics and carbonaceous materials from proximate analysis. *Fuel*,

80(11), 1567-1571.
Di Blasi, C. (2009). Taxas de combustão e gaseificação de carvões lignocelulósicos. *Progress in energy and combustion science*, *35*(2), 121-140.
Demirba^, A. (2001). Instalações de recursos de biomassa e processamento de conversão de biomassa para combustíveis e produtos químicos. *Energy conversion and Management*, *42***(11)**, 1357-1378.
Dhaka, A. K., Kaushal, R., & Pal, Y. (2022). Avaliação do potencial de produção de energia e da qualidade do gás de produção a partir da mistura do caule de algodão e da casca de pistácio num gaseificador de jato descendente de núcleo aberto. *International Journal of Ambient Energy*, 1-10.
Dhinesh, B., e Annamalai, M. (2018). Um estudo sobre o desempenho, a combustão e o comportamento das emissões do motor diesel alimentado por um novo biocombustível de nano nerium oleander. *Jornal de produção mais limpa*, **196,** 74-83.
Din, Z. U., e Zainal, Z. A. (2016). Sistemas integrados de gaseificação-SOFC de biomassa: Visão geral da tecnologia. *Renewable and Sustainable Energy Reviews*, **53**, 1356-1376.
Dogan, E., Madaleno, M., e Altinoz, B. (2020). Revisitando o nexo entre a financeirização e a abundância de recursos naturais em países ricos em recursos: New empirical evidence from nine indices of financial development. *Política de Recursos*, **69**, 101839.
Dogru, M., Howarth, C. R., Akay, G., Keskinler, B., e Malik, A. A. (2002). Gasification of hazelnut shells in a downdraft gasifier. *Energy*, **27(5)**, 415-427.
Dogru, M., Midilli, A., e Howarth, C. R. (2002). Gasification of sewage sludge using a throated downdraft gasifier and uncertainty analysis. *Fuel Processing Technology*, *75***(1)**, 55-82.
Earp, D. M., e Bridgwater, A. V. (1988). Gasification of Biomass in a Downdraft Reator, Aston University.
Encinar, J. M., Gonzalez, J. F., Rodriguez, J. J., e Ramiro, M. J. (2001). Catalysed and uncatalysed steam gasification of eucalyptus char: influence of variables and kinetic study. *Fuel*, **80(14)**, 2025-2036.
Ernst, A., Biss, K. H., Shamon, H., Schumann, D., e Heinrichs, H. U. (2018). Benefícios e desafios dos métodos participativos no desenvolvimento qualitativo de cenários energéticos. *Previsão Tecnológica e Mudança Social*, **127**, 245-257.
Faraji, M., & Saidi, M. (2022). Simulação do processo e otimização da gaseificação do ar da biomassa da casca do amendoim para a produção de gás de síntese enriquecido com hidrogénio. *International Journal of Hydrogen Energy*, *47*(28), 13579-13591.
Ghesti, G. F., Silveira, E. A., Guimaraes, M. G., Evaristo, R. B., & Costa, M. (2022). Rumo a uma via sustentável de transformação de resíduos em energia para resíduos de biomassa de pequi: Análise de biochar, syngas e biodiesel. *Gestão de Resíduos*, *143*, 144-156.
Hanaoka, T., Inoue, S., Uno, S., Ogi, T., e Minowa, T. (2005). Effect of woody biomass components on air-steam gasification (Efeito dos componentes da biomassa lenhosa na gaseificação ar-vapor). *Biomassa e bioenergia*, **28(1)**, 69-76.
Hanping, C., Bin, L., Haiping, Y., Guolai, Y., e Shihong, Z. (2008). Investigação experimental da gaseificação de biomassa num reator de leito fluidizado. *Energia e Combustíveis*, **22(5)**, 3493-3498.
Hian, G. G., Saleh, S., e Samad, N. A. F. A. (2016). Uma estrutura genérica baseada em modelo de equilíbrio termodinâmico para processos de gaseificação de biomassa. *ARPN Journal of Engineering and Applied Sciences*, **11**(4), 2222-2229.

Higman, C. (2008). Gasificação. In *Combustion engineering issues for solid fuel systems* (pp. **423-468**). Academic Press.
Hiloidhari, M., Baruah, D. C., Kumari, M., Kumari, S., e Thakur, I. S. (2019). Perspetiva e potencial da energia da biomassa para mitigar as alterações climáticas: Um estudo de caso na Índia. *Journal of Cleaner Production*, **220**, 931-944.
Huang, H. J., e Ramaswamy, S. (2009). Modelação da gaseificação de biomassa utilizando uma abordagem de equilíbrio termodinâmico. *Applied biochemistry and biotechnology*, **154**(1), 14-25.
Jenkins, B. M., e Ebeling, J. M. (1985). Correlation of physical and chemical properties of terrestrial biomass with conversion (Correlação das propriedades físicas e químicas da biomassa terrestre com a conversão).
Jimenez, L., e Gonzalez, F. (1991). Estudo das propriedades físicas e químicas dos resíduos lignocelulósicos com vista à produção de combustíveis. *Fuel*, **70**(8), 947-950.
Kalyani, K. A., e Pandey, K. K. (2014). Situação dos resíduos para energia na Índia: A short review. *Renewable and sustainable energy reviews*, **31**, 113-120.
Kamyab, H., Yuzir, A., Ashokkumar, V., Hosseini, S. E., Balasubramanian, B., & Kirpichnikova, I. (2022). Revisão da aplicação da tecnologia de gaseificação e combustão e das tecnologias de valorização energética de resíduos no tratamento de lamas de depuração. *Fuel*, *316*, 123199.
Kaupp, A. (1982, novembro). Myths and facts about gas producer engine systems. *In First International Producer Gas Conference, Colombo, Sri Lanka* (pp. 8-12).
Kaupp, A., e Goss, J. R. (1981). Problemas técnicos e económicos na gaseificação de cascas de arroz. Propriedades físicas e químicas. *Energia na Agricultura*, *1*, 201-234.
Kersten, S. R., Prins, W., Van der Drift, A., e van Swaaij, W. P. M. (2003). Apuramento experimental de factos na gaseificação de biomassa CFB para a unidade piloto de 500 kWth da ECN. *Industrial & engineering chemistry research*, **42(26)**, 6755-6764.
Kersten, S. R., Prins, W., Van der Drift, B., e van Swaaij, W. P. (2003). Princípios de um novo reator de leito fluidizado circulante de vários estágios para gaseificação de biomassa. *Chemical engineering science*, **58**(3-6), 725-731.
Klass, D. L. (1998). *Biomass for renewable energy, fuels, and chemicals (Biomassa para energia renovável, combustíveis e produtos químicos*). Elsevier.
Kiiciik, M. M., e Demirba$, A. (1997). Processos de conversão de biomassa. *Energy Conversion and Management*, ***38*(2)**, 151-165.
Leung, D. Y. C., e Wang, C. L. (2003). Gaseificação em leito fluidizado de resíduos de pneus em pó. *Fuel Processing Technology*, **84**(1-3), 175-196.
Li, X. T., Grace, J. R., Lim, C. J., Watkinson, A. P., Chen, H. P., e Kim, J. R. (2004). Gaseificação de biomassa num leito fluidizado circulante. *Biomass and bioenergy*, **26(2)**, 171-193.
Liu, Z., Johnson, T. G., e Altman, I. (2016). The moderating role of biomass availability in biopower co-firing A sensitivity analysis. *Journal of cleaner production*, **135**, 523-532.
Loppinet Serani, A., Aymonier, C., e Cansell, F. (2008). Aplicações actuais e previsíveis da água supercrítica para a energia e o ambiente. *ChemSusChem: Chemistry & Sustainability Energy & Materials*, **1(6)**, 486-503.
Mazhkoo, S., Dadfar, H., HajiHashemi, M., e Pourali, O. (2021). Uma investigação experimental e de modelagem abrangente do processo de gaseificação da casca de noz em um gaseificador downdraft em escala piloto integrado a um motor de combustão interna.

Conversão e Gestão de Energia, **231**, 113836.

Melgar, A., Perez, J. F., Laget, H., e Horillo, A. (2007). Modelação de equilíbrio termoquímico de um processo de gaseificação. *Energy conversion and management*, **48(1)**, 59-67.

Milne, T. A., Evans, R. J., e Abatzoglou, N. (1998). Biomass Gasification Tars: A sua natureza, formação e conversão. *National Renewable Energy Laboroatory (1998), Golden, CO, USA NREL Report no.: NREL/TP-570-25357.*

Narvaez, I., Orio, A., Aznar, M. P., e Corella, J. (1996). Gaseificação de biomassa com ar num leito fluidizado borbulhante atmosférico. Efeito de seis variáveis operacionais na qualidade do gás bruto produzido. *Industrial & Engineering Chemistry Research, 35*(**7**), 2110-2120.

Ozyuguran, A., e Yaman, S. (2017). Previsão do valor calorífico da biomassa a partir da análise proximal. *Energy Procedia*, **107**, 130-136.

Pan, Y. G., Roca, X., Velo, E., e Puigjaner, L. (1999). Remoção de alcatrão por ar secundário na gaseificação em leito fluidizado de biomassa residual e carvão. *Fuel*, **78(14)**, 1703-1709.

Pedroso, D. T., Aiello, R. C., Conti, L., e Mascia, S. (2005). Gaseificação de biomassa em um novo gaseificador downdraft realmente livre de alcatrão. *Revista Ciencias Exatas*, *11* (1).

Puig-Arnavat, M., Bruno, J. C., e Coronas, A. (2010). Revisão e análise de modelos de gaseificação de biomassa. *Renewable and sustainable energy reviews*, **14(9)**, 28412851.

Rauch, R. (2003). Biomass gasification to produce synthesis gas for fuels and chemicals, relatório elaborado para o Acordo de Bioenergia da AIE.

Richardson, Y., Drobek, M., Julbe, A., Blin, J., e Pinta, F. (2015). Gaseificação de biomassa para produzir gás de síntese. Em *Recent advances in thermo-chemical conversion of biomass* (*Avanços recentes na conversão termoquímica da biomassa*) (pp. **213-250**). Elsevier.

Rogel, A., e Aguillon, J. (2006). A abordagem Euleriana 2D do fluxo arrastado e da temperatura num gaseificador downdraft estratificado de biomassa. *American Journal of Applied Sciences*, *3*(**10**), 2068-2075.

Roy, P. C., Datta, A., e Chakraborty, N. (2009). Modelação de um gaseificador de biomassa downdraft com cinética de taxa finita na zona de redução. *International Journal of Energy Research*, **33(9)**, 833-851.

Ryu, C., Yang, Y. B., Khor, A., Yates, N. E., Sharifi, V. N., e Swithenbank, J. (2006). Efeito das propriedades do combustível na combustão da biomassa: Parte I. Experiências tipo de combustível, rácio de equivalência e tamanho das partículas. *Fuel*, **85**(7-8), 1039-1046.

Santhoshkumar, A., Muthu Dinesh Kumar, R., Babu, D., Thangarasu, V., & Anand, R. (2019). Utilização eficaz de energia de alto grau através da conversão termoquímica de diferentes resíduos. Em *Pollutants from Energy Sources* (pp. 189-251). Springer, Singapura.

Saravanakumar, A., Haridasan, T. M., Reed, T. B., e Bai, R. K. (2007). Investigação experimental e estudo de modelação da gaseificação de madeira de pau longo num gaseificador de leito fixo updraft com iluminação superior. *Fuel*, **86**(17-18), 2846-2856.

Saxena, R. C., Seal, D., Kumar, S., e Goyal, H. B. (2008). Rotas termoquímicas para gás rico em hidrogénio a partir de biomassa: uma revisão. *Renewable and Sustainable Energy Reviews*, **12(7)**, 1909-1927.

Sharma, A. K. (2007). Modeling fluid and heat transport in the reactive, porous bed of downdraft (biomass) gasifier. *International Journal of Heat and Fluid Flow*, **28(6)**, 1518-1530.

Sheng, C., e Azevedo, J. L. T. (2005). Estimativa do poder calorífico superior dos combustíveis de biomassa a partir de dados de análise básica. *Biomassa e bioenergia*, **28**(5), 499-507.

Sheth, P. N., e Babu, B. V. (2009). Experimental studies on producer gas generation from wood waste in a downdraft biomass gasifier. *Bioresource technology*, ***100*(12)**, 3127-3133.

Shin, D., e Choi, S. (2000). A combustão de partículas de resíduos simuladas num leito fixo. *Combustion and flame*, **121**(1-2), 167-180.

Singh, R. N., Singh, S. P., e Balwanshi, J. B. (2014). Remoção de alcatrão do gás de produção: uma revisão. *Revista de Investigação em Ciências da Engenharia ISSN, 2278*, 9472.

Siwal, S. S., Zhang, Q., Sun, C., Thakur, S., Gupta, V. K., e Thakur, V. K. (2020). Produção de energia a partir de processos de gaseificação a vapor e parâmetros que contemplam no gaseificador de biomassa - uma revisão. *Bioresource technology*, **297**, 122481.

Skoulou, V., Koufodimos, G., Samaras, Z., e Zabaniotou, A. (2008). Gaseificação a baixa temperatura de caroços de azeitona num reator de leito fluidizado de 5 kW para gás de produção rico em H2. *Revista Internacional de Energia do Hidrogénio*, **33(22)**, 6515-6524.

Skoulou, V., Zabaniotou, A., Stavropoulos, G., e Sakelaropoulos, G. (2008). Produção de gás de síntese a partir de cortes de oliveira e caroços de azeitona num gaseificador de leito fixo downdraft. *Revista Internacional de Energia do Hidrogénio*, **33(4)**, 1185-1194.

Tilay, A., Azargohar, R., Gerspacher, R., Dalai, A., e Kozinski, J. (2014). Gaseificação da farinha de canola e fatores que afetam o processo de gaseificação. *BioEnergy Research*, **7(4)**, 1131-1143.

Tinaut, F. V., Melgar, A., Perez, J. F., e Horrillo, A. (2008). Efeito do tamanho das partículas de biomassa e da velocidade superficial do ar no processo de gaseificação num gaseificador de leito fixo downdraft. Um estudo experimental e de modelação. *Tecnologia de processamento de combustível*, **89**(11), 1076-1089.

Usmani, R. A. (2020). Potential for energy and biofuel from biomass in India (Potencial energético e de biocombustíveis a partir da biomassa na Índia). *Renewable Energy*, **155**, 921-930.

van den Enden, P. J., e Lora, E. S. (2004). Abordagem de projeto para um gaseificador de leito fluidizado alimentado a biomassa utilizando o software de simulação CSFB. *Biomass and bioenergy*, ***26*(3)**, 281-287.

van der Drifi, A., e van Doom, J. (2008). Effect of fuel size and process temperature on fuel gas quality from CFB gasification of biomass. *Progress in Thermochemical Biomass Conversion*, 265.

Wander, P. R., Altafini, C. R., e Barreto, R. M. (2004). Avaliação de uma pequena unidade de gaseificação de serragem. *Biomassa e Bioenergia*, ***27*(5)**, 467-476.

Wang, R., Tan, J., e Yao, S. (2021). Os recursos naturais são uma bênção ou uma maldição para o desenvolvimento económico? A importância das inovações energéticas. *Política de Recursos*, **72**, 102042.

Wu, Z., Wu, C., Huang, H., Zheng, S., e Dai, X. (2003). Resultados dos testes e análise do desempenho operacional de um sistema de produção de energia eléctrica por gaseificação de biomassa de 1 MW. *Energy & fuels*, **17(3)**, 619-624.

Zabaniotou, A., Ioannidou, O., e Skoulou, V. (2008). Utilização de resíduos de colza para energia e biocombustíveis de segunda geração. *Fuel*, **87**(8-9), 1492-1502.

Zainal, Z. A., Ali, R., Lean, C. H., e Seetharamu, K. N. (2001). Prediction of performance of a downdraft gasifier using equilibrium modeling for different biomass materials. *Energy conversion and management*, **42(12)**, 1499-1515.

Printed by Books on Demand GmbH, Norderstedt / Germany